图说海洋

海洋与文明

荷兰

武鹏程◎主编

海洋出版社

北京

图书在版编目（CIP）数据

海洋与文明．荷兰 / 武鹏程主编．-- 北京 ：海洋出版社，2021.1
（图说海洋）
ISBN 978-7-5210-0619-3

Ⅰ．①海… Ⅱ．①武… Ⅲ．①荷兰－历史－通俗读物 Ⅳ．①K103-49

中国版本图书馆 CIP 数据核字（2020）第 146521 号

图说海洋

海洋与文明
荷兰

总 策 划：刘　斌
责任编辑：刘　斌
责任校对：肖新民
责任印制：赵麟苏
排　　版：海洋计算机图书输出中心　晓阳

出版发行：海洋出版社

地　　址：北京市海淀区大慧寺路8号（716房间）
100081
经　　销：新华书店
技术支持：(010) 62100055

发 行 部：(010) 62174379（传真）(010) 62132549
(010) 68038093（邮购）(010) 62100077
网　　址：www.oceanpress.com.cn
承　　印：北京朝阳印刷厂有限责任公司
版　　次：2021年1月第1版
2021年1月第1次印刷
开　　本：787mm×1092mm　1/16
印　　张：15.25
字　　数：292千字
印　　数：1～4000册
定　　价：58.00元

前　言

荷兰是个低地之国，处于欧洲大陆的中心，周围环绕着英国、法国、德国以及比利时。

荷兰有 80% 以上的国土都是河网密布的冲积平原，莱茵河、马斯河、斯海尔德河都在这里汇流入海，为荷兰西北部带来了丰沛的水源，同时也水多成灾。早在公元前 325 年，就有希腊探险家在其游记中记录道："这里的人死于抗击海水的比死于战争的还多。"但也因为这里是许多河流的入海口，造就了荷兰无与伦比的优良港口，拥有辐射整个莱茵河流域的港口地带，承担着欧洲航运中心的重任，成为欧洲最富饶的地区之一。

贸易丰富了荷兰人的生活，也吸引了入侵者的眼光。自公元前 57 年左右，恺撒来到低地之国之后，法国人、英国人、西班牙人都对这里趋之若鹜，无一不为了这里的财富。在西班牙帝国时代，其一半的税收来自这里，所以西班牙国王卡洛斯一世把它看作是自己"王冠上的一颗珍珠"。

只要不影响正常贸易和收入，关于谁是这里的国王，对荷兰人来说并不重要。可到了 16 世纪，西班牙由于连年战争，国库空虚，开始将手伸向荷兰人的钱袋，这就踩到了荷兰人的痛点。为了与西班牙抗争，荷兰先花大价钱买到了自治权，然后又联合了尼德兰北方七省组成"联省共和国"，组成一支强大的海军舰队横行于殖民地之间，同时也保护着本国商人的合法利益。

荷兰这个面积仅 4 万多平方千米的低地小国，以良好的贸易信用、精明的商业策略和超前的资本运作能力，横行于 17 世纪的世界海洋，成就了属于荷兰的海洋霸权时代。

本书由武鹏程主编，参与资料及图片整理的还有郑亭亭、郑玉洁、刘美霞、田静宇、文英娟、孙洁、尤晓莉、武寅、赵海风、赵兴平、徐东升、晁福洲、刘忠杰、张宏连、宋义、赵义文、张钲名、姜彬鹏、雷璐、肖结石等。

目　录

第一章　频繁易主的低地之国

第四章　荷兰走上了独立发展的道路 / 78

第五章　荷兰的手工制造业、造船业和航运业的崛起 / 96

第六章　鲱鱼与荷兰 / 107

第七章　荷兰著名的探险家 / 116

第八章 《十二年休战协定》到期前后 / 127

第九章 资本市场雏形 / 140

第十一章　荷兰西印度公司 / 168

第十二章　精明的荷兰人家有内患，外惹恼英格兰人 / 179

第十三章　第一次英荷战争 / 190

第十四章　第二次英荷战争 / 197

第十五章　第三次英荷战争 / 211

第十六章　暮日西斜，霸权不再 / 220

第一章

频繁易主的低地之国

在欧洲西部的德国与比利时之间有一处洼地，这里就是荷兰。在史前时代，这里生活的人们，就跟随海洋的潮涨潮落或进或退……

大国包围下的荷兰

荷兰是名副其实的低地国家，国土总面积 41 864 平方千米，由于它特殊的地理位置，成了西欧最重要的交通连接点，同时也是西欧大西洋重要的出海口。

低地国家——荷兰

荷兰人称自己的国家为尼德兰，尼德兰是低地国家的意思，荷兰境内有 1/4 的土地海拔不到 1 米，甚至低于海面，除南部和东部有一些丘陵外，绝大部分地势都很低，所以才有了低地国家之称。

郁金香在 17 世纪被引进到荷兰，迅速获得荷兰人的喜爱，被誉为荷兰的国花，荷兰也因此成为郁金香王国。如今荷兰每年培育 30 亿株郁金香，排列起来可以绕赤道 7 圈。

◎ 郁金香王国

◉ 风车之国

在 16–17 世纪时，荷兰全国大约有上万架风车，为荷兰当时的经济注入了强大的动能，荷兰也因此被誉为风车之国。

大国包围下的荷兰

荷兰背靠德国，德国在地理上拥有广袤的国土，在人口上完全碾压荷兰，甚至连气候都比荷兰要更加宜人。

荷兰还有个邻居——比利时，相比于德国，这个国家明显低调太多。它和荷兰很相似，也有着富饶的土地。除此之外，荷兰周边还有法国、英格兰……

在这些国家的包围之下，狭小的荷兰生存艰难，历史上不乏被外来势力侵略和统治。

罗马时代的荷兰

荷兰的历史要从著名罗马人恺撒说起。

讨伐尼德兰

在罗马人来到尼德兰前，这里是一片蛮荒之地，只有凯尔特部落和日耳曼部落分居莱茵河的南北两侧。

到了公元前 57 年，时任比利时总督的罗马人恺撒，注意到了与比利时比邻的尼德兰，于是，罗马人开始对尼德兰的土著居民进行讨伐，经过 5 年的时间，恺撒征服了这里，尼德兰被罗马帝国统治，归罗马的比利时总督管辖。

◉ 凯尔特风格图案

法国东部塞纳河、罗亚尔河上游、德国西南部莱茵河和多瑙河上游地区是凯尔特人的发源地。在欧洲，从东到西，从南到北，凯尔特人曾经大规模迁移，无处不在。他们和古希腊人做生意，和古罗马人争战不休。他们成群结队地翻过阿尔卑斯山，把铁器带往欧洲各地。

罗马人来到这块蛮荒之地后，除了奴役这里的人民，也带来了罗马文明，给尼德兰人民带来了文字，并且修路建桥、传授农耕技术……这些先进的文明促进了尼德兰的早期发展。

罗马控制力的衰弱与尼德兰本土势力的崛起

罗马统治了尼德兰几个世纪。后来罗马的政局日渐不稳，因内战连绵，昔日强大繁盛的罗马，村落开始枯竭，城市衰落。这个时期，罗马内部全面瘫痪，外部危机四伏，曾经被罗马统辖的地区不断流失，大片土地易主。

在这样的背景下，被罗马统治的尼德兰土著——日耳曼人的两个部落巴达维人和弗里斯人揭竿而起，开始了寻求自由之路。

骑兵之源巴达维人的反叛

巴达维人在移居尼德兰之前，曾生活在与尼德兰紧邻的德国黑森一带，因为部落纷争，有一支就流浪到了尼德兰的莱茵河三角洲的一座小岛上。尼德兰被罗马征服后，巴达维人也就成了罗马的臣民。

恺撒雕像

恺撒，全名盖乌斯·尤利乌斯·恺撒（公元前 102—前 44 年），史称恺撒大帝，罗马共和国（今地中海沿岸等地区）末期杰出的军事统帅、政治家，并且以其优越的才能成了罗马帝国的奠基者。

当时的比利时在公元前 57—前 51 年被恺撒征服后隶属于罗马的贝尔吉卡行省。

巴达维人居住在现在荷兰的贝图韦地区，即莱茵河河口的莱顿周围。公元前12年被罗马征服，在4世纪时被法兰克人驱逐。

公元68年，罗马控制的高卢、西班牙诸行省先后爆发了反对尼禄的叛乱，尼禄在不明战况的状态下，以为深陷穷途末路的境地，遂仓皇逃离首都罗马。元老院获悉后当即宣判尼禄为“国家公敌”，拥立率军起义的西班牙行省总督加尔巴为皇帝。同年6月9日，尼禄被迫自尽。尼禄的死标志着罗马帝国的第一个王朝——由奥古斯都开创的朱里亚·克劳狄王朝至此终结。

公元前13年，罗马因为征兵而重用了巴达维人，因为巴达维人善于骑兵作战，罗马免去了他们的赋税，但是巴达维人必须向罗马提供充足的兵源，以换取安定的生活。

在罗马帝国强盛时期，身处尼德兰的巴达维人只能乖乖听话，因此双方成为盟友。但当罗马帝国的控制变弱以后，巴达维人便开始蠢蠢欲动。

公元68年，罗马皇帝尼禄被逐下王座，逃亡后自杀，在罗马帝国内部陷入混乱之际，巴达维人乘机与其他的势力（如日耳曼人、凯尔特人）组成低地部落联盟，高举反叛的旗帜，开始反抗罗马的统治。可是好景不长，罗马局势恢复之后，这个低地部落联盟便被瓦解了。

◎ 尼禄的加冕

尼禄，全名尼禄·克劳狄乌斯·恺撒·奥古斯都·日耳曼尼库斯（公元37—公元68年），罗马帝国第五位皇帝，公元54年10月13日—公元68年6月9日在位。公元54年，皇帝克劳狄乌斯驾崩，尼禄凭借其母小阿格里皮娜此前的诸多谋划，顺利即位为帝。尼禄是古罗马乃至欧洲历史上著名的暴君，世人称之为“嗜血的尼禄”。

牛皮之都弗里斯人的反叛

弗里斯人是日耳曼人在北莱茵地区的一个分支。公元前12年，罗马元首屋大维派军队打败了弗里斯人，并将其聚居区纳入罗马统治之下。

弗里斯人生活的地方是环境良好的湿地地区，盛产水牛，于是弗里斯人就用牛皮代替粮食，向罗马人缴纳赋税，因此，弗里斯人聚居区成了罗马军队中牛皮主要的提供产地之一。

随着罗马局势的变化，罗马的当局者对弗里斯人的剥削不断加重。

公元28年，罗马在尼德兰的总督以弗里斯人进贡的牛皮不合格为由，抓捕了大量的弗里斯人，将妇女和儿童贩卖为奴隶，以此警告威慑弗里斯人，强迫他们提供更多更好的牛皮。但此事在弗里斯人中激起公愤，于是发生了巴杜伊纳森林战役，弗里斯人与其盟友打败了罗马人，获得了短暂的自由。

◎ 屋大维－雕像

屋大维，全称盖维斯·屋大维·奥古斯都（公元前63—公元14年），后三头同盟之一，罗马帝国的第一位元首，元首政制的创始人，统治罗马长达40年，是世界历史上最为重要的人物之一。

◎ 弗里斯的牛－雕像

弗里斯人聚居区盛产水牛，其肉质鲜美，皮质适合加工，而且弗里斯奶牛是荷兰传统优秀的乳牛种类，如今世界各国都纷纷引进弗里斯的牛，培育杂交成本国的弗里斯牛。

古代的弗里斯人属于日耳曼部落群的西支，与盎格鲁人和撒克逊人为邻，公元初分布在北海的东南岸和东岸，从事沿海贸易，活跃一时。是构成荷兰人、弗拉芒人、英格兰人和丹麦人的成分之一。

公元3世纪，法兰克人趁尼德兰人反抗罗马的浪潮，开始出没于罗马治下的尼德兰边境地区，并且时常攻击该地。

大约公元310年，法兰克人发迹于今日佛兰德斯的西部，以及荷兰的西南部，也就是说他们控制了罗马人通往不列颠岛的交通要道。在5世纪西罗马帝国灭亡前，法兰克人摇身一变成为该地区的霸主。

小规模的起义无法撼动罗马这棵大树，到了公元47年，罗马又重新收复这里，并在弗里斯人的土地上建立了多处大型防御工事。为了加强莱茵河的防御，罗马人要求弗里斯人搬离北莱茵地区，在庞大的罗马军队威慑之下，弗里斯人多次起义失败后，不得不背井离乡，人口稀少的弗里斯人移居到了尼德兰北部荒凉的地区。

法兰克统治下的尼德兰纷争不断

此后200多年，尼德兰地区发生了大大小小的起义和暴动，但是这个时期，罗马对尼德兰的统治依旧保持相对稳定。直到法兰克人入侵尼德兰，罗马的统治时代才宣告结束。

弗里斯兰王国

进入5世纪后，尼德兰地区的气候有了明显的改善，这里变得宜居起来，附近的撒克逊人、安格尔人和朱特人开始

◉ 撒克逊人制造于10世纪的面具

撒克逊人是日耳曼人的一支，最早居于波罗的海沿岸和石勒苏益格地区，后内迁至德国境内的尼德萨克森一带，称为萨克森人。公元5世纪初，萨克森人北上渡海，在高卢海岸和不列颠海岸登陆入侵。史学界为了区分，把在不列颠定居的萨克森人称为撒克逊人。

往这边迁徙，起先他们聚集在尼德兰北部地区，后来又最终到达英格兰。

这些外族和当地弗里斯人相融合的后代，后来被称为“弗里斯兰人”，成为今天弗里斯兰人的祖先。

弗里斯兰人在罗马帝国崩溃之后，开始成为欧洲西北部的商业贸易参与者。到了公元550年左右，弗里斯兰人占据了一些土地肥沃之处，将贸易拓展到水上，形成了固定的部落性居住群体。在闲时他们努力耕作、发展经济；到了战时，部落酋长就成为首领，抵抗外侵。随着时间的推移，这些酋长以及其亲属渐渐地演变成了最早的贵族。后来逐渐形成了由不同部落联合起来的弗里斯兰王国，统治着莱茵河三角的马斯地区，也就是如今荷兰的大部分地区。

◉ 朱特人的黄麻装饰

朱特人是日耳曼人中的一个分支，并且是当时三个最强大的日耳曼民族之一。他们发源于日德兰半岛和部分的东弗里斯兰海岸。

法兰克墨洛温王朝

西欧地区处于长期的动荡之中，游牧民族与半游牧民族对该地区的原住民进行了持久的骚扰与攻击。在这一过程中，公元5世纪法兰克人在高卢逐渐形成了一股以墨洛温家族为主的军事势力，而这个时期的罗马已经没有能力完全掌控西欧地区了。

公元486年，墨洛温家族的克洛维一世在苏瓦松消灭了罗马在高卢的最后一股势力之后，开始确立王权。之后，他还带兵消灭了妄图入侵的其他部落和西哥特人。到公元511年克洛维一世死时，法兰克墨洛温王朝的势力已经扩张到高卢大部分地区和莱茵地区。

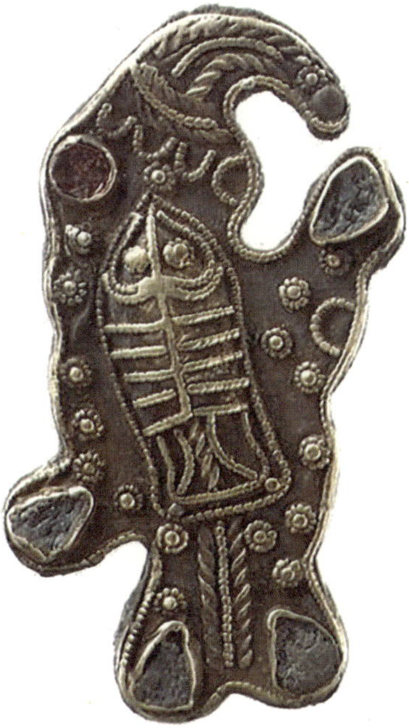

◉ 女性佩戴的鸟形胸针

法兰克鸟形胸针，制作于公元6世纪下半叶。这枚胸针由女性佩戴，具有法兰克珠宝做工精细的特点。

克洛维一世于公元496年放弃了日耳曼人所信奉的阿里乌斯教，转而皈依天主教。这一行为在法国和西欧历史上产生了重要影响，也为后来克洛维一世将其统治领土扩张到原罗马帝国高卢地区起到了举足轻重的作用。

克洛维一世死后他的4个儿子虽然合力吞并了勃艮第王国（534年），但其后就处于内斗之中。

◉ 克洛维一世的受洗 – 象牙制品

克洛维一世，法兰克王国奠基人、国王。在克洛维一世时代，王权比较微弱，国家的行政机构仍很不健全。克洛维一世基本上只是一个马背上的国王。

按照日耳曼人的传统习俗，克洛维一世死后他的4个儿子克洛泰尔一世、希尔德贝尔特一世、克洛多梅尔和提奥多里克一世平分了法兰克王国领土。

入侵弗里斯兰王国

不提法兰克王国内部的权力更迭，单说公元630年，克洛维一世的幼子克洛泰尔一世向外征讨，他吞并了奥德、莱茵以南的地区，开始不断逼近弗里斯兰王国。

法兰克人入侵弗里斯兰王国的过程并不顺利，双方僵持了20年之久，公元650年，随着法兰克国王克洛泰尔一世的

◉ 克洛泰尔一世

克洛泰尔一世是法兰克墨洛温王朝的开创者克洛维一世的幼子，原为苏瓦松国王（511年起在位），后来先后吞并三位亡兄的奥尔良王国、兰斯王国和巴黎王国的领土，又吞并整个勃艮第王国，成为第二位统一法兰克王国的国王（558—561年在位），他去世之后，统一的王国被他的儿子们再次瓜分。

去世，弗里斯兰人再度回到莱茵河三角洲，并且将乌特勒支城变成了弗里斯兰国王的驻地。

弗里斯兰国王的对手是法兰克宫相丕平二世

弗里斯兰国王拉德伯德统治时期，由于遗留的历史问题，导致弗里斯兰与法兰克领土的冲突日趋激烈，双方都整军待发，只等燃起战火的引线。

法兰克国王克洛泰尔一世死后，王国领土再次被其儿子平分，克洛维王朝走入低谷，国王昏庸懒政，一切事务依赖于宫相处理。而此时弗里斯兰国王拉德伯德要面对的对手就是法兰克王国的宫相丕平二世。

法兰克人入侵弗里斯兰王国，除了军队入侵还有新的信仰——基督教。弗里斯兰人对基督教入侵并没有过多排斥，不久之后，弗里斯兰人在乌特勒支建立了第一座教堂。

⊙ 乌特勒支城堡

公元 47 年罗马人在当时的莱茵河畔修筑要塞，保护莱茵河口，称为“莱茵渡口”，此为乌特勒支的起源。早期时要塞为木结构，2 世纪后改为石制。约有 500 名罗马士兵驻守。要塞附近有小居民点居住着工匠、商人和士兵家属。2 世纪中期，日耳曼部族开始不断入侵。公元 270 年罗马人离开，公元 270—500 年的城市历史不为人所知。6 世纪起，乌特勒支被法兰克人统治。

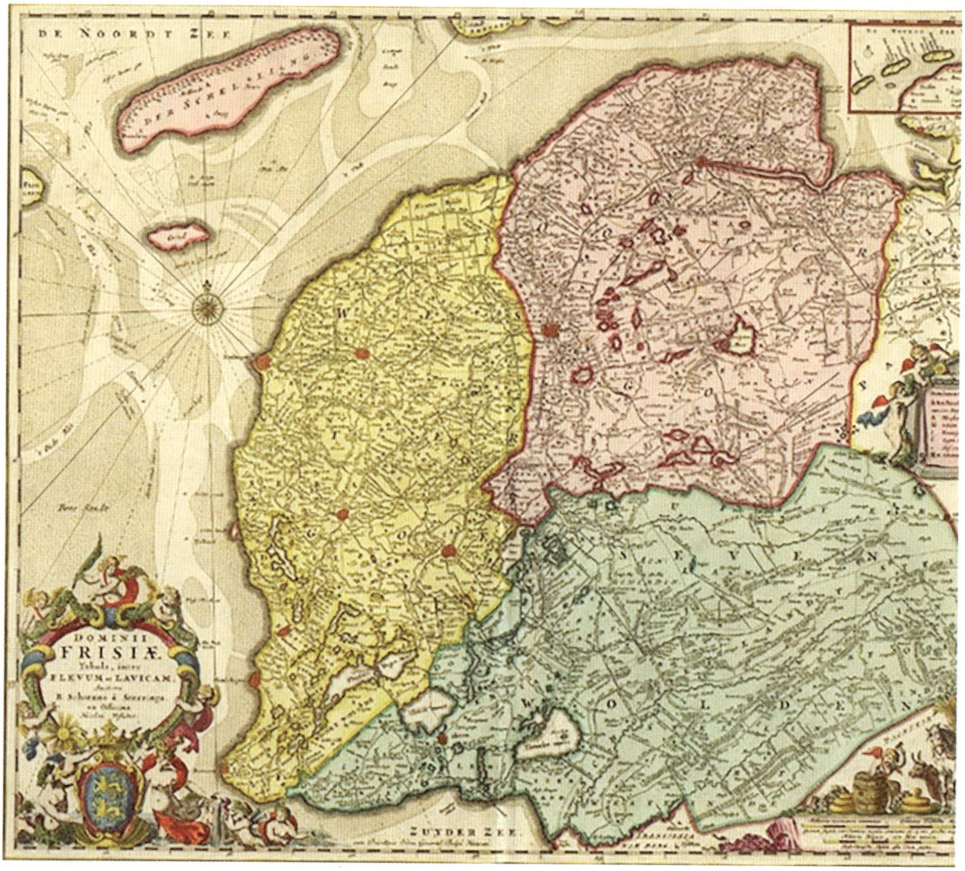

◉ **弗里斯兰地图－蚀刻版**

荷兰国立博物馆馆藏。该地图印刷于公元1677年左右，地图的左下方是地图名称和由海洋生物环绕的弗里斯兰徽章。右上角是沿海岛屿的放大细节图；右下角绘制的是弗里斯兰的农业产品和牲畜——黄油、奶酪和牛。

杜里斯特战役

法兰克王国的宫相丕平二世与弗里斯兰国王拉德伯德之间的较量终于在杜里斯特展开了。

杜里斯特邻近莱茵河岔口，地理位置得天独厚，法兰克人扼守着通往日耳曼地区（通过莱克河）、英格兰地区、法兰西北部地区、尼德兰北部地区以及斯堪的纳维亚地区（通过科洛莫莱茵河）的交通要道，因此弗里斯兰王国东北方的贸易干线被法兰克王国掐住了。

面对这样重要的战略及经济要地，拉德伯德终于按捺不住出手了。公元689年，拉德伯德亲自率军占领了这里。

宫相是一种官职，在我国唐代就有，是专门用来辅佐太子的，而在法国就相当于是宫廷总管。6世纪以后的法兰克一般会有3个人分别担任不同部门的宫相，但丕平二世是当时唯一的宫相，由此可见他的受宠程度以及政治手腕。

法兰克宫相丕平二世迅速做出了反击。很快，拉德伯德被法兰克军队包围在杜里斯特城附近的城堡里，最后被彻底打败，逃回了弗里斯兰王国的驻地乌特勒支城。不仅如此，还丢失了莱茵河以南的领地，好在军队实力尚在，但情况不容乐观，因为法兰克王国的军队乘胜逼近了乌特勒支城。

拉德伯德的反击

面对法兰克王国大军的紧逼，拉德伯德只能靠求和联姻的方式，以保持国家的暂时和平。

公元 714 年，丕平二世去世了，法兰克王国又陷入内斗中，拉德伯德也趁机参与了一把，两年之后，夺回了乌特勒支城附近的领土和杜里斯特，并缴获了大量的战利品。取得如此胜利，拉德伯德信心爆棚，开始筹划入侵法兰克本土的战争，并为此组建了一支强大的军队。然而，上天并没有给他这样的机会，公元 719 年，拉德伯德撒手人寰，他的战争计划被迫中止。拉德伯德死后，弗里斯兰王国开始走下坡路。

⊙ 丕平二世

丕平二世（公元 635—714 年），有时也被称为赫斯塔尔丕平（Pepin of Herstal）或称小丕平，从公元 680 年任奥斯特拉西亚的宫相。

公元 7 世纪时，依托罗马人留下的堡垒，杜里斯特的镇区开始建立起来，坐落在莱茵河北支附近，莱茵河在那里分为莱克河和科洛莫莱茵河，位于尼德兰乌特勒支省东南部，在如今的韦格拜迪尔斯泰德镇附近，杜里斯特是中世纪早期的一个商业中心。

⊙ 圣威利布罗德

公元 703 年或 704 年，丕平二世将乌特勒支赠予教士圣威利布罗德，作为他向尼德兰北部的弗里斯兰传教的基地。

弗里斯兰王国走向灭亡

丕平二世死后，其私生子查理·马特从内斗中脱颖而出，成功地接管了丕平二世的权力，成了法兰克宫相。

查理·马特重新统一了法兰克王国

丕平二世去世后，法兰克境内内斗不止，使得国家实力大为削弱，为了提升军队的战斗力，查理·马特模仿罗马军团，建立了一支由自由农民组成的强大步兵，先后击败各地的割据势力和地方贵族的叛乱，重新统一了法兰克王国，并成为国家的实际统治者。

弗里斯兰王国灭亡

公元733年，查理·马特对弗里斯兰发起进攻，两年之后，弗里斯兰新国王战死，其下辖领土被法兰克王国大军全部占

◉ 法兰克宫相查理·马特（图中的骑马者）

查理·马特（688年8月23日—741年10月23日），是当时法兰克王国实权的掌握者，丕平二世的私生子，丕平三世的父亲，也是欧洲中世纪最重要的人物之一，其功绩包括奠定卡洛林王朝的基础，确立了采邑制，巩固与发扬了当时的封建社会制度。公元737年法兰克国王死后，他成为王国的唯一统治者，但像他父亲一样，没有国王的称号。

领，查理·马特派了大量传教士去往占领地传教，弗里斯兰王国灭亡。

王国虽然没有了，但是弗里斯兰人依旧不断地发动武装起义，并且还将愤怒转嫁到了基督教和传教士头上。

虽然弗里斯兰人非常不满和愤怒，但毕竟力量过于弱小，终难成事，起义被一次又一次镇压，公元 793 年之后，弗里斯兰人彻底臣服于法兰克人的统治之下。

法兰克出现了分裂

公元 800 年圣诞节，法兰克国王查理曼大帝在罗马被教皇利奥三世加冕为皇帝，这是他权力的顶峰。

在查理曼大帝登基之时，法兰克王国主要包括今日的法国、比利时和瑞士以及今日荷兰和德国的许多地区。

查理曼大帝死后不久，法兰克王国又出现了分裂。公元 843 年，查理曼大帝的 3 个孙子洛泰尔、日耳曼人路易及秃头查理签署《凡尔登条约》，把查理曼大帝遗留下来的法兰克王国一分为三。东法兰克王国成了以后的德国，西法兰克王国成了以后的法国，东、西部之间的地区则成了以后的意大利。

博尼法斯谋杀案：传教士博尼法斯组织的为弗里斯兰人受法的聚会，在当时影响巨大。公元 754 年 6 月 2 日，博尼法斯和其手下 52 人被弗里斯兰人（多克姆）杀死。后来博尼法斯被追封为圣徒，成为荷兰历史上的知名人物。

◉ 法国查理曼大帝

法国查理曼大帝或称为查理、查尔斯大帝、卡尔大帝，法兰克王国加洛林王朝国王，德意志神圣罗马帝国的奠基人。他建立了囊括西欧大部分地区的庞大查理曼帝国。

◉ 秃头查理

秃头查理为查理曼大帝之孙，是法兰克皇帝路易一世（虔诚者）的第四子。

公元751年，法兰克王国宫相查理·马特之子丕平三世在罗马教皇支持下废墨洛温王朝国王自立，建立加洛林王朝。

公元737年法兰克国王死后，查理·马特并没有新设立国王，他成为王国的唯一统治者。但他并没有来得及篡位便于公元741年死于水肿。按日耳曼人的传统，马特在死前将帝国分给了他的两个儿子——丕平三世和卡尔曼。在之后的内斗中，丕平三世获胜。

到了公元870年，秃头查理及日耳曼人路易再次勘定边界，签署《墨尔森条约》，瓜分了洛泰尔子嗣遗留下来的中法兰克王国（意大利）。在这份条约中，东法兰克王国瓜分了中法兰克王国（意大利）东部地区，西法兰克王国瓜分了中法兰克王国（意大利）西部领土，逐渐形成法兰西王国版图的雏形。此后法兰克王国再也没有被统一过。王国各个不同的部分发展出不同的习俗、民风、语言，成了独立的国家。

虽然原来法兰克王国的卡洛林王朝得以延续，但境内的大家族却逐渐崛起，使得王权旁落。

随着加洛林王朝消亡，只有西部的法兰西继续使用法兰克这个名字，而东法兰克帝国则演变为神圣罗马帝国（德国），继续维持着罗马皇帝的传统。

公元768年丕平三世驾崩，法兰克王国被其儿子查理曼和他的弟弟卡洛曼两人瓜分。公元771年卡洛曼猝然去世，29岁的查理曼成为法兰克王国唯一的君主，该王国当时已是西欧最强大的国家。

北欧海盗带来的危机

查理曼大帝在世时就一直全力对抗着维京人。公元850年左右，查理曼大帝死后，在法兰克内乱的时候，维京海盗开始在荷兰、法兰克沿岸登陆，瓦尔赫伦岛等沿海地区惨遭蹂躏，多地被海盗洗劫一空。

瓦尔赫伦岛原先是一座位于荷兰泽兰省斯海尔德河口的岛屿，后因围海造田逐渐与荷兰大陆相连。

◉ 贝叶挂毯中的维京人和他们的长船

这个时期在法兰克领地上施虐的维京人，是由丹麦人拉格纳·洛德布罗克带领的维京海盗。据史料记载，公元845年拉格纳率领海盗军队袭击了巴黎。

尼德兰人自发地组织抵抗维京海盗

作为尼德兰的统治者，法兰克王国（被分割后的西法兰克王国）对维京人的突然造访束手无策，只能将尼德兰沿海地区的大片土地割让给海盗。为了自保，尼德兰人自发地以城市为单位组织抵抗，其中最著名的要数公元 922 年佛兰德斯伯爵之子迪尔克，因打击海盗有功，被法兰克国王封为西佛兰德斯伯爵。

迪尔克受封之后，一边搞基础建设，一边防御海盗，依托自己身后富有的佛兰德斯家族，迪尔克最终成功地在贫瘠与危险的尼德兰站稳了脚跟。

◉ 曾经的佛兰德斯国徽

佛兰德斯是西欧的一个历史地名，泛指古代尼德兰南部地区，位于西欧低地西南部、北海沿岸，包括今比利时的东佛兰德省和西佛兰德省、法国的加来海峡省和北方省、荷兰的泽兰省。

◉ 维京长船

维京长船是斯堪的纳维亚的维京人在维京时期使用的贸易、商务、探险、战斗的船，活跃于公元 793—1066 年。

维京长船的船首以龙头雕像作为标志，由于维京长船船身修长，因此吃水很浅，能够驶入河道及浅湾，从而逃避军舰的追捕。维京长船作为维京人的重要象征，经常被铸在银币和徽章之上。

在 9 世纪末至 10 世纪初，统治着西法兰克王国的加洛林王朝开始走向衰落，而卡佩王朝却开始崛起。法国两个家族开始出现对立。公元 987 年，西法兰克国王路易五世逝世，加洛林家族后继无人，卡佩家族的雨果·卡佩因此被拥立为西法兰克国王，建立卡佩王朝。由于卡佩本来为法兰西岛公爵，因此国家也改称为“法兰西王国”。

◉ [入侵不列颠群岛的维京船队]

◉ 维京石雕

纪念公元 793 年血洗林第斯法恩修道院远征的石雕。

维京人带给尼德兰人的不仅仅是洗劫，还带来了繁荣

维京海盗驾驶长船横行于莱茵河，同时也带来了波罗的海、不列颠群岛和莱茵河流域的许多商品，精明的尼德兰人开始发展各种贸易，比如北欧的锡器、皮毛和鲸油，并且为了迎合北欧人的需求，他们开始发展纺织业、饲养绵羊。

北欧海盗令法兰克王国非常担忧，然而尼德兰这边却是一片和平。

因为维京人的到访，法兰克王国无暇顾及尼德兰，使得尼德兰免遭法兰克人的盘剥，封建制度开始在尼德兰推行。

西佛兰德斯伯爵带领尼德兰一边发展，一边看着法兰克王国分裂、斗争；再分裂、再斗争。尼德兰所在的这片低地虽然经过多次易主，但始终没有战争，给了这片土地良好的发展环境。

尼德兰日渐强盛了起来

尼德兰日渐强盛了起来，此时的法兰克王国因内部权力争夺，根本无法顾及这里。对于尼德兰来说，法兰克王国已不足为惧了，西佛兰德斯伯爵开始结交神圣罗马帝国（即原来的东法兰克王国）。

公元 983 年，神圣罗马帝国皇帝奥托三世将马斯河入海口附近的土地授予迪尔克一世的儿子——迪尔克二世，由此开启了西佛兰德斯在法兰克王国与神圣罗马帝国两大阵营间左右逢源的时代，背靠大树的迪尔克家族趁机又将泽兰群岛收入版图，尼德兰的版图在10世纪末达到了极盛。

马斯河入海口所有关卡被捣毁

公元1018年复活节的晚宴上，乌特勒支主教博德二世向神圣罗马帝国皇帝亨利二世投诉，他状告的是西佛兰德斯

◉ 奥托三世

奥托三世，东法兰克国王，神圣罗马帝国皇帝，醉心于恢复罗马帝国，长期驻扎在意大利。公元1001年，奥托三世因罗马市民发动暴乱才从意大利（中法兰克）撤离。他于第二年在意大利去世。

伯爵迪尔克三世，说他侵占教会领地，并在马斯河沿岸设立关卡，强行收取过路费。

马斯河入海口是神圣罗马帝国前皇帝奥托三世授予西佛兰德斯伯爵的，如果在奥托三世时期，这样的告状可能根本不值一提，但如今神圣罗马帝国皇帝是亨利二世，他正有意拓展经马斯河连通海外的贸易，所以他派洛林公爵戈弗雷二世前往马斯河入海口，捣毁了迪尔克家族在马斯河沿线的所有关卡，直至位于西佛兰德斯伯爵建立于马斯河入海口的城堡——弗拉尔丁恩。

弗拉尔丁恩战役

亨利二世认为以神圣罗马帝国的实力，拆除位于马斯河入海口的“违章建筑”，迪尔克三世应该有所“自省”，除了要主动认错，还要“主动上缴非法所得”。可是迪尔克三世却选择在马斯河畔的弗拉尔丁恩城下与神圣罗马帝国的军队开战，不仅打了个胜仗，还生擒了前来拆除违建的洛林公爵戈弗雷二世。

马斯河发源于法国香槟—阿登大区上马恩省朗格勒高原，流经比利时，最终在荷兰注入北海，在荷兰境内同莱茵河一起组成辽阔的三角洲。全长 925 千米，是欧洲的主要河流。

◉ 神圣罗马帝国皇帝亨利二世

公元 1002 年，神圣罗马帝国皇帝奥托三世去世后，亨利二世发动政变，劫持了奥托三世的灵柩，在萨克森、士瓦本、洛林的贵族未参与的情况下被选为东法兰克国王。公元 1004 年被推举为意大利国王，公元 1014 年，他进军罗马，罗马教皇本尼迪克特八世为其加冕为帝。亨利二世在位期间，为了对抗贵族势力，加强了效忠于他的主教区的权力，从此教会神权开始壮大，最终发展成了皇权的最大威胁。

亨利二世见洛林公爵都被抓，只得与迪尔克三世谈判。迪尔克三世是个聪明人，他知道神圣罗马帝国的强大，于是见好就收，答应了在过路费问题上给予神圣罗马帝国特别优惠，并退还一部分侵占的教会土地。

⊙ 油画：弗拉尔丁恩战役场景

◉ 弗拉尔丁恩城堡一隅

古代的洛林比现代的疆土大，大致从汝拉山脉一直延伸到北海，包括法国的洛林和尼德兰以及德国的亚琛地区。

弗拉尔丁恩战役虽然不大，因为迪尔克三世仅有1000人，洛林公爵的联军也仅有3000人，但战果颇丰，它令尼德兰摆脱了政治上的脆弱，无形中也使迪尔克家族的扩张野心膨胀，于是更加肆无忌惮地蚕食乌特勒支主教区的领地。

正式被主教授予荷兰伯爵的头衔

西佛兰德斯伯爵迪尔克四世上台之后，跟随父亲的脚步，更是对乌特勒支主教区的领地大规模进军，由于战斗时太过激进，不幸死于战场之上，而且他死得太意外了，没有留下子嗣，只得由兄弟弗洛里斯一世继承西佛兰德斯伯爵爵位。公元1069年，弗洛里斯一世在参与争夺洛林公爵领地的混战中阵亡。这两人果然是同胞兄弟，都遵循了父亲扩张的教诲，就连死法都如出一辙。

弗洛里斯一世战死后，其子迪尔克五世还未成年，继承了西佛兰德斯伯爵爵位，当时的乌特勒支主教乘机反攻并侵占西佛兰德斯伯爵领地。在

灰色历史：迪尔克五世与乌特勒支主教的战争期间，神圣罗马帝国皇帝亨利四世命令洛林公爵——驼背戈弗雷为乌特勒支主教。不过在公元1076年，驼背戈弗雷如厕时被刺杀。

◉ 乌特勒支主教——驼背戈弗雷

这危难时刻，迪尔克五世的母亲格特鲁德在公元 1063 年嫁给了佛兰德斯家族的罗伯特一世。于是，迪尔克五世获得了佛兰德斯家族的援兵，夺回了被乌特勒支主教侵占的领地。

公元 1122 年，乌特勒支取得城市资格。此后，乌特勒支主教同时享有乌特勒支省及更东北方领地的行政权力。

迪尔克五世死后，其子弗洛里斯二世继承了家业。他选择了“重文治轻武伐”的治理思路。不仅主动退还了之前侵占的乌特勒支主教区领地，还同佛兰德斯形成了隐性同盟的关系。

公元 1011 年，弗洛里斯二世结束了与乌特勒支主教之间的长久矛盾，承认了乌特勒支主教的地位，作为回报，弗洛里斯二世正式被主教授予荷兰伯爵的头衔，同时拥有西佛兰德斯伯爵爵位，其统治的领地也正式被称为荷兰伯国。

弗洛里斯二世死后，他的长子迪尔克六世承袭了荷兰伯国及爵位；迪尔克六世死后，其长子弗洛里斯三世继承了荷兰伯国；弗洛里斯三世死后，其长子迪尔克七世继承了荷兰伯国的爵位，而另一个儿子威廉则继承了西佛兰德斯伯爵爵位。

荷兰通过与神圣罗马帝国不断的交往沟通，国内外局势开始平和。

◎ 弗洛里斯三世 - 刻板画

“万圣节洪水”让荷兰人面临严峻的生存压力

荷兰似乎在朝好的方向迈进，可是一场洪水将荷兰人心头的希望之火浇灭。

公元1170年11月1日，这一天是万圣节，荷兰北部沿岸地区的海水直接淹没了北海与内陆淡水湖“腓拉活”间的大片森林和土地，形成了一片深入荷兰腹地的海湾，这里被荷兰人称为“须德海”，这一事件史称“万圣节洪水”。万圣节洪水的恐怖，加上海侵造成的人口和财产损失，让荷兰人面临严峻的生存压力，同时产生了向外扩张的野心。

◉ 刻板画：万圣节洪水造成的惨状

房龙战争，威廉一世成了荷兰伯爵

弗拉尔丁恩战役的最大战果，可以说是将马斯河口沿岸的关卡税合法化了，之后，作为西佛兰德斯伯爵迪尔克三世对神圣罗马帝国忠心的回报，神圣罗马帝国皇帝腓特烈一世放任其后来的继位者骚扰乌特勒支主教区。

不仅如此，公元1202年，荷兰伯爵迪尔克七世还通过政治联姻的手段吞并了格德司（低地小国），随后出兵攻打了邻国布拉班特。

威廉伯爵劫持新娘

为了夹击布拉班特，荷兰伯爵迪尔克七世将自己唯一的女儿嫁给了房龙伯爵路易二世，但这桩婚事并没有得到荷兰国内的普遍认同，就在女孩出嫁的路上，她的叔叔西佛兰德斯伯爵威廉，派人将新娘劫持到了自己控制的莱顿城堡。

作为新郎的房龙伯爵路易二世岂能善罢甘休，随即出兵围攻了莱顿城堡。

经过近800年的时间，荷兰才在1932年建成了一道长29千米、宽90米、高出海面7米的拦海大坝，重新封闭了须德海与北海的联系。

两个伯爵背后的势力纷纷加入战斗

如果只是两个伯爵间的斗争，此事容易解决，但是这两个伯爵背后的势力却偏偏要参与其中。

房龙伯爵背后除了荷兰伯爵助阵，还有法兰西王室，他们希望房龙伯爵可以趁机入主荷兰。此外，荷兰的临邦布拉班特和佛兰德斯，都支持失去了新娘的房龙伯爵路易二世。

绑架了侄女的威廉伯爵也非等闲之辈，他的背后是英格兰王室金雀花家族的“失地王”约翰和神圣罗马帝国皇帝，所以这场战争变成了两大阵营的对决。

◎ 神圣罗马帝国皇帝腓特烈一世

腓特烈一世（1122—1190年）又被称为“红胡子”，是欧洲中世纪神圣罗马帝国的皇帝，也是德意志历史上著名的政治家、军事家。被认为是中世纪德国最成功的统治者之一，其执政期间，神圣罗马帝国的国力达到顶峰，成为欧洲最强大的国家。

◉ **莱顿城堡 –1698 年印刷画**

莱顿城堡位于荷兰西部，在海牙东北 16 千米处。城堡中有一座 20 米高的堡垒，用来抵御外敌。据说此堡垒始建于 9 世纪，墙高达 6 米，有很多射击孔。在堡垒上视角极佳，可以看到莱顿城，因此，堡垒上的士兵可以很轻松地发现来犯之敌。

最终，公元 1206 年，这场历时 3 年的“房龙战争”以新娘、新郎得以圆满成婚而宣告结束。

但作为交换条件，房龙伯爵及新娘需放弃继承父辈的伯爵头衔。后来，荷兰伯爵迪尔克七世死后，西佛兰德斯伯爵威廉再次依靠神圣罗马帝国向荷兰伯国发兵，夺取了荷兰伯国，并于公元 1213 年正式成了新的荷兰伯爵威廉一世。

佛兰德斯泛指古代尼德兰南部地区，位于西欧低地西南部、北海沿岸。9 世纪佛兰德斯成为法兰克王国的伯爵领地。公元 870 年，佛兰德斯属于西法兰克王国。在卡佩王朝时期，佛兰德斯由佛兰德尔伯爵统治。佛兰德尔伯爵是法兰西最重要的贵族之一，属于法国六大贵族之一（其余 5 个分别为诺曼底、香槟、图卢兹、勃艮第和阿基坦）。

金雀花家族源于法国安茹，统治着公元1154—1399年的英格兰。金雀花王朝的正式君王有8位，首任英格兰国王是亨利二世。公元1399年理查二世逝世后的英格兰由该朝的两分支系——兰开斯特家族和约克家族先后统治，而这两家族因为王位争夺而爆发了15世纪后半叶的玫瑰战争。

◉ “失地王”约翰

“失地王”约翰为英王亨利二世第五子，由于他的父王将英格兰在法国的领地全部分封给约翰的几位兄长，到约翰时已经无地可封，因此被称为“失地王”，也被称为“无地王”。

然而威廉伯爵也因此无法摆脱神圣罗马帝国对他的控制。所以，威廉伯爵率领荷兰人，参与了对抗神圣罗马帝国、法兰西、条顿骑士团征伐普鲁士等多场战役，这些战役令许多沿海新开发的城镇获得了自治的权利。

◉ 条顿骑士团黑十字

公元1190年，十字军经过苦战攻下了重镇阿克（今以色列境内）。公元1198年，一些德意志骑士在阿克建立了一个行善的医护组织，这就是后来的条顿骑士团，不过建立之初它并没有军事任务，只是照顾伤患。

◉ 格里高利九世

格里高利九世（约 1145—1241 年），意大利籍教皇（1227—1241 年在位），原名乌戈利诺·迪孔蒂。他是 13 世纪教会势力达到顶峰的最有力的教皇之一。精通教会法和神学，以创立异端制裁所及维护教皇特权而著名。

纷乱年代的荷兰伯爵威廉二世

之后，进入神圣罗马帝国群雄并起的纷乱年代，就像我国春秋战国时代一样，只要“兵强马壮”就可以参与其中。此时神圣罗马帝国皇帝腓特烈二世与教皇格里高利九世在意大利正打得不可开交。

弗洛里斯四世承袭了父亲威廉一世的爵位，却意外死于一场比武大会，公元 1234 年，其年仅 7 岁的儿子威廉二世继承了荷兰伯国。因此，他的叔叔们便成了小威廉的监护人，一直持续到公元 1239 年。同时荷兰伯爵威廉二世继续在寻机脱离神圣罗马帝国的控制。

公元 1243 年，新教宗英诺森四世即位后，与神圣罗马帝国皇帝腓特烈二世之间的斗争愈演愈烈，公元 1245

格里高利九世怀疑腓特烈二世挑衅教廷，遂于公元 1227 年宣布判处他以绝罚，并颁发通谕说明原因。腓特烈二世则声称绝罚无理，同时谴责罗马教廷。格里高利九世借口发兵，被腓特烈二世击败。公元 1230 年双方签订《圣杰尔马诺条约》，但其后双方仍互抱戒心。

◉ 神圣罗马帝国皇帝腓特烈二世

公元 1234 年，教皇格里高利九世支持腓特烈二世的儿子、德意志国王亨利七世反对自己的父亲。腓特烈二世很快扑灭了叛乱，他废除了儿子的王位，并把他终身监禁在意大利的监狱里（1235 年）。腓特烈二世与教皇的矛盾不可调和。

年，教宗宣布罢黜腓特烈二世。公元 1250 年 12 月，腓特烈二世在一次行猎中突然病倒了，可能是中风，12 月 13 日（恶魔之夜）死在了弗奥伦蒂诺城堡。其子康拉德四世继位，仅在位 4 年，于公元 1254 年逝世，帝国的其他继承人也因各种原因相继去世，引发各路诸侯为了帝位争斗不休。

荷兰伯爵威廉二世通过 10 年的战争之后，在教宗英诺森四世的帮助下，逐渐获得德意志诸侯与城邦的支持，在部分诸侯拥戴下，荷兰伯爵威廉二世当选为神圣罗马帝国皇帝。然而好景不长，公元 1256 年 1 月 28 日，威廉二世在霍赫沃德附近参战时，连人带马摔入冰湖之中，这位大空位时期的神圣罗马帝国皇帝就这么走完了一生。

神圣罗马帝国皇帝腓特烈二世的手套

制造于公元 1220 年的神圣罗马帝国皇帝腓特烈二世的手套，整个手套底色为红色，上面以金线刺绣，镶嵌各色宝石。

腓特烈二世异常注重皇帝的威严，留下了大量以他为造型的雕塑，让现代人能猜测他的容貌。年轻时的他容貌相当清秀，看上去个性很沉静。但随着年龄的增长，他越来越清瘦，表情越来越严厉，在他老年的雕塑中人们看到的是一位脸色阴沉的帝王，皱着双眉，似乎对整个世界都充满不满和怨恨。他虽是被逐出教门的皇帝，但利用外交手段指挥第六次东征的十字军毫无死伤地进入圣地耶路撒冷，被称为“王座上第一个近代人”。他入葬时不是穿皇帝的华服而是重罪者的忏悔麻袋衣。

教皇格里高利九世曾命令教会法学家莱蒙编纂教会法典《教皇教令集》。该法典于公元 1234 年颁行，其内容以会议决议和教皇手谕为依据，分别编排共 5 卷，该书被沿用到第一次世界大战以后，一直是天主教教会法的根本文献。

这个时期法兰西的情况：公元 1248 年，在英诺森四世的支持下，法兰西国王路易九世发动了第七次十字军东征。结果军队遭遇瘟疫，并被埃及战败，路易九世本人也被俘，后法兰西用重金将其赎回。虽然他的东征没有给法兰西带来什么革命性的变化，但他有效的统治，给法兰西带来了一个稳定繁荣的时期，加强了法兰西王室的权威和地位，为半个多世纪后的英法百年战争中法兰西虽受沉重打击仍屹立不倒打下了一定的基础。

英诺森四世

英诺森四世于公元 1227 年由格里高利九世任命为罗马教会副会长，深受格里高利九世赏识。公元 1243 年当选教宗。终其任期都在与神圣罗马帝国皇帝腓特烈二世及其后继者斗争，以解除帝国对罗马教皇国的包围形势，但未能成功。

大空位时代

大空位时代神圣罗马帝国的版图日益收缩，不仅失去了对意大利的影响，而且东部和南部的诸侯也愈发独立。

与此同时，皇帝人选成了这个时期最大的争端，这不仅是德意志诸侯们施展雄心的大好机会，也成为外国君主影响德意志的关键议题。

神圣罗马帝国因为长期的大空位而遭到了致命削弱，此后虽然恢复了皇帝统治，但是实际上的分裂局面已不可挽回。后来的统治家族渐渐不再追求统一帝国的幻想，而是专注于经营本家族世袭领地。

荷兰迎来了一场大洪水

威廉二世死得太突然，他年仅 2 岁的儿子弗洛里斯五世继承了荷兰伯国。同样，因为年幼，由他的叔叔和姑姑一直扶持着，但是终归年纪太小了，使得荷兰以及属地内战事不断。

公元 1266 年，弗洛里斯五世开始亲政，为了扫平叛乱，他与佛兰德斯伯爵联姻，正当其准备大干一场的时候，荷兰又迎来了一场大洪水。

公元 1287 年 12 月 14 日，一场海啸席卷了荷兰沿海地带，刹那间，60 000 ~ 80 000 人被海水吞没。自公元 1170 年“万圣节洪水”以来，须德海几乎每年都会在荷兰内陆沿海肆虐，但是都没有如此大规模的海侵，就在荷兰伯爵弗洛里斯五世心急如焚的忙着赈灾时，周边各国蠢蠢欲动。

公元 1450 年的一幅画：大空位期间，三个人看着棺材里的皇帝。

爱德华一世

英格兰金雀花王朝第五位国王（1272—1307 年在位），亨利三世之子，又称“长腿爱德华”“苏格兰之锤”（因他对苏格兰人民的镇压）或“残忍的爱德华”，金雀花王朝最重要的代表人物之一。他奉行的内外政策都十分积极，使英格兰成为当时欧洲的重要大国。

荷兰伯爵爵位空置，英格兰企图操控

13 世纪末，在荷兰发生大洪水之际，英、法两国间的摩擦不断加剧，英格兰因佛兰德斯的纺织工业与尼德兰地区商贸往来日益密切，这大大地影响了法兰西的利益。英、法围绕佛兰德斯的战争一触即发。

公元 1294 年，法兰西国王腓力四世以领主名义，召英格兰国王爱德华一世来巴黎受审，当英王拒绝时，法兰西随即派兵夺取了英格兰的属地加斯科尼的城堡，战争因此爆发。

英格兰国王与佛兰德斯伯爵联盟抗法，随即荷兰伯爵弗洛里斯五世也加入到对抗法兰西的战斗之中。公元 1295 年 6 月 27 日，弗洛里斯五世被绑架并被撕票（其绑架原因不详）。这种情况下，法兰西军队节节取胜，几乎占领了全部加斯科尼地区，英格兰被迫于公元 1297 年休战。

荷兰伯爵爵位空置，而此前伯爵唯一的合法继承人约翰已入赘英格兰王室。英格兰王室立刻派遣约翰回国继位，企图通过这个女婿操纵荷兰国政。

法兰西国王腓力四世

法国卡佩王朝著名的国王之一，在位时打击贵族，维护法兰西王室的利益。连续有两位罗马教皇在他手下不明不白地送了命。

布鲁日，比利时古城，旅游胜地，西佛兰德省首府，“布鲁日”在佛兰德语中有“桥”的意思，由流经市内的莱伊河上的一座古罗马桥梁而得名。14世纪为欧洲最大的商港之一。

根特位于斯凯尔特河和莱斯河汇合处，有运河（长26千米）通北海，由根特和周围的一些小镇组成，是佛兰德斯地区的中心城市、重要铁路枢纽和港口。

法兰西围攻佛兰德斯的布鲁日

法兰西一直企图占有富甲全欧的佛兰德斯，获知消息后，不甘落后，公元1297年1月1日，在荷兰伯爵约翰登基不久，要求伯爵割让一些边境城市，遭到拒绝，于是法兰西国王腓力四世率军进入佛兰德斯，迅速围攻了其首府布鲁日，并派自己的盟友埃诺出兵拦截佛兰德斯的盟国——布拉班特等尼德兰地区的援兵，在这样精密的安排下，荷兰伯爵约翰只得寄希望于英格兰。

英格兰原本就一直与佛兰德斯有贸易往来，如今自己的女婿约翰求援，当然派出兵力前去助阵，但是这个时期的英格兰海军力量非常弱小。他们来到布鲁日后，只是对围困布鲁日的法国散兵进行了一番抢劫，便被法国正规军打败，退守到比邻大海的根特，以期寻找机会再与法国人较量。

可就在这时，英格兰的后院起火了，由威廉·华莱士领导的苏格兰地区人民爆发起义，英格兰国王爱德华一世只得草草地与法兰西签订了停战协议，赶往苏格兰救火去了。

英格兰退兵后，尼德兰地区又重新成为法国人的领地，公元1300年，法兰西国王腓力四世镇压了当地人民的起义，正式宣布佛兰德斯并入法国。

约翰·阿韦讷二世拥有两个伯爵爵位和领地

就在腓力四世宣布佛兰德斯

◉ 威廉·华莱士

威廉·华莱士(1270—1305年8月23日)，是苏格兰独立战争的重要领袖之一。他被指定为苏格兰护国公，公元1305年8月，华莱士在格拉斯哥附近被英格兰人擒获。英格兰国王爱德华一世下令对他严刑拷打之后，以叛国的罪名斩首。

归法国所有之前的一年，年仅15岁的荷兰伯爵约翰死了，没有留下子嗣，就此绝嗣，于是由其堂兄埃诺伯爵约翰·阿韦讷继承了荷兰伯爵的爵位。

这样约翰·阿韦讷拥有了埃诺、荷兰两个伯爵头衔，其领地范围占据了尼德兰的半壁江山。

时隔2年之后，法兰西人控制的根特、布鲁日地区人民发动起义。佛兰德斯地区的贵族不满法兰西人来此“跑马圈城”。

布鲁日的市民在织工扬·布雷德尔和彼得·科宁克的领导下组织起来，在公元1302年5月18日晨祷时间起义，杀死了大批法兰西统治者和城市贵族。

尼德兰内乱一瞬间就烧成了燎原之势，反对法兰西之声日渐高涨。

⊙ 火炮

13世纪后，火炮出现在欧洲的战争中，由于精度不佳，它们最初的作用仅仅是威慑，但到14世纪后期，它们已经开始成为攻城的首选武器。火炮不仅可以摧毁城墙，还足以让胆小的敌人吓得魂飞魄散。

双料伯爵成了三料伯爵

库尔特累战役法兰西人大败

法兰西国王腓力四世果断派兵前往佛兰德斯镇压起义，然而法军于公元1302年7月在库尔特累被佛兰德斯起义军击败，大批贵族骑士阵亡。佛兰德斯起义军在战场上收取了上千个黄金踢马刺，放在城市行会大厅展出，因而库尔特累战役也被戏称为“金马刺之战”。

⊙ 布鲁日市集广场前的平民领袖雕塑

14世纪布鲁日反抗法王腓力四世吞并佛兰德斯的平民英雄扬·布雷德尔和彼得·科宁克。

公元1300年，法兰西军队占领佛兰德斯，公元1301年布鲁日手工业者曾举行起义，反对法兰西征收军事费用，被镇压后，又于1302年5月18日以晨祷的钟声为信号再次举行起义，杀死了3000名法兰西人。各地纷纷响应，为佛兰德斯摆脱腓力四世的统治起了重要的作用。

法兰西利用荷兰伯爵镇压了起义军

◉ 踢马刺

踢马刺：一种U形物，带有尖的或者齿轮尖的突起部，装在骑士的靴后跟上，用以刺马，驭马或驱马前进。

法兰西国王腓力四世在兵败佛兰德斯后，就找到埃诺和荷兰双料伯爵约翰·阿韦讷，答应战后将佛兰德斯所属的泽兰群岛割让给他，“没有永远的敌人，也没有永远的朋友”，在利益的驱使下，双料伯爵约翰·阿韦讷配合法兰西人，在两线夹击之下镇压了起义军。

此后，双料伯爵约翰·阿韦讷成了三料伯爵，即“埃诺、荷兰和泽兰伯爵”。

但法兰西未能巩固在佛兰德斯的统治。公元1314年，佛兰德斯又爆发了大规模起义，腓力四世无力镇压，只得谈判休战。同年，腓力四世中风病倒，于11月29日死于枫丹白露宫，终年46岁。

腓力四世是法兰西卡佩王朝的国王，被历史学家认定为最具有影响力的100位帝王之一，腓力四世的功绩可谓是显而易见的，在不断战争和改革中的卡佩王朝在腓力四世的统治下开始壮大。

◉ 枫丹白露宫

枫丹白露宫是法国最大的王宫之一，位于法国北部法兰西岛地区赛纳－马恩省，从12世纪起用作法国国王狩猎的行宫。

◉ 布拉班特的城堡

布拉班特位于现在的荷兰南部和比利时中北部，9 世纪时属洛泰尔王国的一部分。神圣罗马帝国皇帝腓特烈一世于公元 1184 年将布拉班特领地封给勒芬伯爵亨利，并授予布拉班特公爵头衔，这是布拉班特公国历史的开端（此前该地领主的头衔为伯爵）。

经济贸易的发展

11 世纪的时候，佛兰德斯的纺织贸易开始沿斯海尔德河兴盛起来。根特、多尼克、伊培伦、艾瑟尔和托尔豪特成为重要的纺织中心，位于各贸易要道枢纽的布鲁日成为交易中心，这里逐渐发展成欧洲最富有的地区，开始了它的黄金时代。佛兰德斯人从英格兰进口羊毛，纺成面料卖给欧洲其他国家，繁荣的纺织贸易使佛兰德斯很多城市变得富有，拥有了权力。

到了 13 世纪，整个低地国家的主要城市和区域都得到了长足发展，布拉班特、林堡、乌特勒支、格罗宁根、弗里斯兰、荷兰、泽兰等地区开始以各自的独特面貌登上历史舞台，为现代低地国家的建立和荷兰的历史发展进程奠定了坚实的城市基础和经济基础。

三料伯爵约翰·阿韦讷的疆土和国际地位得到了大大的提升，他的 4 个女儿都嫁给了当时的权贵。有嫁给神圣罗马帝国皇帝的；有嫁给英格兰国王爱德华三世的；有嫁给于利希公爵五世的；还有嫁给尼德兰那幕尔公爵的。三料伯爵变成了“欧洲老岳丈”，他明显地疏远了法兰西，究其原因，不外乎曾经不可一世的法兰西王国已然衰弱了。

社会格局的发展

自查理曼大帝时，北欧维京人开始南下，到了 10 世纪，尼德兰北部地区却因为维京人的到来，开始享受到了和平。这是因为迁居的维京人与当地居民融合而没有了威胁，人口开始稳定增长，而且由于基督教的盛行，主教不再由国王指定（比如加洛林王朝时期，乌特勒支的第一任主教就是由国王指定的），自公元1122年《沃尔姆斯宗教协定》签署之后，国王就失去了主教的任命权，这样的结果使布拉班特、聚特芬以及荷兰省几乎成了独立的公国。

◉ 天主教鲁汶大学校徽

天主教鲁汶大学是当今世界上最好的大学之一。近100多年来，它始终排名全球前20名。近50年来排名在第17位左右。

由于商业的发展，商人行会成为约束经营活动与参与者的机构，形成了富有的商人精英阶层，开始和贵族、神职人员在行政事务中平分秋色。

贸易和工业发展之后，也带动了文化事业的蓬勃发展。公元1425年，布拉班特成立了当时尼德兰的第一所大学——天主教鲁汶大学，改变了当地年轻人要学习和进行研究不得不去巴黎和科隆的境况。与此同时，律师的人数明显增加，有效地限制了贵族的政治影响，并且让民法的作用明显比教会法重要。这些变化是荷兰城市在法兰西统治时期的主要特征，为后来荷兰的独立奠定了良好的社会结构基础。

勃艮第统治下的荷兰

法兰西国王腓力六世奉行中央集权的扩张政策，想把王权控制的地区扩展到阿基坦，而这一地区却是英格兰王室在法国的主要领地。英格兰国王爱德华三世享有

◉ 天主教鲁汶大学

公元1425年由教皇马丁五世下令建立，位于比利时的弗拉芒区，是全球现存最古老的天主教大学，同时也是西欧“低地国家”（包括荷兰、比利时、卢森堡等国）中最古老的大学。

既持有阿基坦公爵领地又不受制于法王的独立地位。法兰西的这一举动，使他非常不满。

三料伯爵助阵爱德华三世

公元1337年，身负“埃诺、荷兰、泽兰”伯爵爵位的三料伯爵约翰·阿韦讷因病去世，他的儿子约翰二世继承了这些爵位之后，立即与姐夫英格兰国王爱德华三世结盟。

爱德华三世原本就对法兰西侵犯领土的行为非常不满，如今有三料伯爵的结盟，更是如虎添翼。同年，爱德华三世宣布法兰西国王腓力六世的王位继承身份“不合法”，自己才是法兰西王位的合法继承人。

腓力六世向爱德华三世提出收回阿基坦领土的要求，爱德华三世断然拒绝了他，并对腓力六世展开咄咄逼人的攻势。腓力六世愤怒之余立即出兵，攻占了英格兰在法兰西的领地，由此开始了英法百年战争。

关于阿基坦领土的问题：在法兰克王国时期，阿基坦作为一个完整的公国被其他法兰克子王国共管。在历史长河中几经转手，阿基坦被女公爵埃莉诺继承，她先是嫁给了法王路易七世，没有子嗣。公元1152年，埃莉诺改嫁给安茹伯爵亨利。两年后安茹伯爵亨利成为英格兰国王。于是阿基坦的领土又成了英格兰王室领土。所以法兰西国王腓力六世又怎能安心让英格兰王室掌控如此大的法兰西领地呢？作为另一方，英格兰国王爱德华三世更不愿意放弃这么大的一块肥肉了。

◉ 阿基坦城堡

阿基坦位于法国西南部，西邻大西洋，南接西班牙。因为阿基坦与法国和英国之间的关系复杂，所以这里的战火一直不断。

◉ 法兰西国王腓力六世

法兰西国王腓力六世（1293—1350 年），法国瓦卢瓦王朝的第一位国王（1328—1350 年在位），在位时与英格兰爆发了著名的英法百年战争，公元 1347 年在弹尽粮绝中向英格兰国王爱德华三世投降。公元 1350 年，腓力六世死后，法兰西陷入分崩离析和社会动荡的状态之中。

英法百年战争是指英格兰和法兰西，以及后来加入的勃艮第，于公元 1337—1453 年间的战争，是世界历史上最长的战争，断断续续进行了长达 116 年。战争胜利使法国完成民族统一，为日后在欧洲大陆扩张打下基础；英格兰几乎丧失所有的法国领地，但也使英格兰的民族主义兴起。

扩展阅读：法兰西王位之争

公元 1314 年，法兰西国王腓力四世逝世，根据王位继承规则，王位应由腓力四世的 3 个儿子继承，后来腓力四世的 3 个儿子也死了，没有留下任何男性子嗣。至此，也就是公元 1328 年，始于公元 987 年的法国卡佩王朝王室男性子嗣灭绝。

按理说，法兰西王冠应该落在腓力四世外孙英格兰国王爱德华三世头上，因为其母是腓力四世的女儿伊莎贝拉。然而法国贵族一致反对将王位授予英格兰国王，为此他们推举腓力四世的侄子、安茹伯爵腓力·瓦卢瓦为新法王。

公元 1328 年，腓力·瓦卢瓦加冕法兰西国王，称腓力六世，他也是法兰西瓦卢瓦王朝首位国王。

◉ 英格兰国王爱德华三世

爱德华三世（1312—1377 年），英格兰国王，公元 1327—1377 年在位。爱德华三世在位时除了法兰西之外，另一个主要的敌对目标是苏格兰。

英格兰海权的崛起

当时英、法两国因为贸易利益的关系，对佛兰德斯进行争夺，使它们之间的冲突加剧。

公元1328年，法兰西王国占领佛兰德斯，英格兰国王爱德华三世下令禁止羊毛出口到佛兰德斯。佛兰德斯因失去原料来源，转而支持英格兰，承认爱德华三世为法兰西国王和佛兰德斯的最高领主，使英、法两国矛盾进一步加深。

爱德华三世组织了一支舰队远征佛兰德斯，可是英军里面不仅有原来的海军，还有临时征调的商船，这支军队略有心虚，犹豫着是打还是不打？

另一边，为了阻击英格兰军队，腓力六世也在斯鲁伊斯集结了一支法兰西舰队，直奔犹豫中的英格兰舰队而来。

◉ 英格兰金雀花家族纹章

英格兰金雀花家族在法国拥有土地，他们据此自认为属法王诸侯，但法王并不信任他的这些英格兰表兄弟，认为英格兰人的存在，使法国无法获得英格兰人所占领的土地，进而无法进行领土扩张以及有效地进行中央集权统治。

◉ 中世纪的桨帆船战舰－古迹插画

公元 1337 年，英格兰国王爱德华三世正式自称为法兰西国王，而且此后直到 1801 年，每个英国国王也都自称是法兰西国王。

不容英格兰人犹豫，斯鲁伊斯海战直接打响，因为英格兰获得佛兰德斯的支持，取得了最后的胜利，法兰西舰队的 166 艘战舰被击沉或被俘，损失了近 20 000 名将士，而爱德华三世通过此战终于夺取了英吉利海峡的控制权，佛兰德斯乃至整个法兰西都向其敞开了怀抱。

约翰二世死后无嗣，爵位和领地被妹妹继承

英法百年战争既是代表英格兰的金雀花王朝与代表法兰西的瓦卢瓦王朝间的争夺，也是西欧各地诸侯因挑衅而引起的一场混战。

◎ 斯鲁伊斯海战

斯鲁伊斯海战发生在公元 1340 年 6 月 24 日，为英法百年战争揭开序幕。这次战役中，法兰西海军舰队受到沉重打击，使法军无法跨过海峡入侵英格兰，也让之后的战役大多发生在法兰西本土。

“埃诺、荷兰、泽兰”三料伯爵约翰二世，在英、法两强相互攻伐期间，首先吞并了乌特勒支主教区，然后在公元1345年率舰队从须德海突袭佛兰德斯，但此战颇为不顺，佛兰德斯人的战斗力明显超出他的预期，不仅军队溃败，约翰二世本人也以战死而收场。

约翰二世的死结束了荷兰3个伯爵一体的政治联合体对外扩张的时代。由于没有子嗣，约翰二世的爵位和领地由其妹妹——神圣罗马帝国皇后玛格丽特继承。之后的荷兰陷入不断的内战中。

◉ 瓦卢瓦王朝徽标

瓦卢瓦王朝又称华洛亚王朝，是公元1328—1589年统治法国的封建王朝。由卡佩家族的旁支瓦卢瓦伯爵查理之子腓力六世继承王位（1328—1350年），建立瓦卢瓦王朝。

勃艮第公国不断壮大，与法兰西关系紧张

在公元1356年9月19日英法百年战争的一场战役——普瓦捷之战中，英军在主帅黑太子爱德华的率领下，以寡击众，

黑太子爱德华是爱德华三世与埃诺的菲莉帕的长子。他是英法百年战争第一阶段中英军最著名的指挥官。其绰号的来源有两个：一是因其常穿黑色铠甲，故被称为“黑太子”。二是因其对阿奎丹公国洗劫，又在阿奎丹放纵士兵横行不法，法国人认为他心肠黑，故称之为“黑太子”。

◉ 勃艮第公国徽标

勃艮第历史上是一个公国，原来仅仅是围绕第戎的方圆数十里地，后来演变成上起波涛汹涌的英吉利海峡，下至冰天雪地的阿尔卑斯山脉的公国，成了法国国王的心腹大患。

◉ 普瓦捷之战 – 古籍插画

俘获了法兰西国王约翰二世。此战法军虽败，约翰二世的侄子大胆的菲利普却表现得异常勇猛，将约翰二世赎回后，大胆的菲利普被封了侯，称为菲利普二世，他还领到一块地，那就是勃艮第。

勃艮第没有直接参与英法百年战争中，而是养精蓄锐，囤积粮草，吞噬周边领土，获得了佛兰德斯、阿图瓦、弗朗什孔泰（又称勃艮第伯国）以及其他地区，势力达到顶峰，并与法兰西争雄。

◉ 无畏者约翰

无畏者约翰，（1371—1419 年），他是菲利普二世公爵与佛兰德斯的玛格丽特三世的儿子，生于第戎。

无畏者约翰于公元 1396 年名义上领导一支勃艮第十字军讨伐奥斯曼帝国，而实际上勃艮第根本不具备与奥斯曼人交锋的实力。公元 1404 年，他继承了勃艮第公爵的爵位。

菲利普二世死后，无畏者约翰继位勃艮第公爵，他不甘于受法兰西的统治，试图成为独立的公国，甚至参与法兰西的王权争夺之中，于是与法兰西的关系紧张。

从 12 世纪起，阿马尼亚克作为法国国王控制地区（土鲁斯）和英格兰国王控制地区（吉耶讷）之间的缓冲地带，战略地位日益重要。

勃艮第公爵好人腓力的扩张

为了获得更大的权力，无畏者约翰开始支持英格兰人与法兰西人为敌。公元 1419 年，他在与阿马尼亚克谈判时遇刺，死后由好人腓力继位勃艮第公爵。

阿马尼亚克是欧洲最早酿造烧酒的地方，罗马人带来了葡萄，阿拉伯人带来了蒸馏器，法兰西人发明了橡木桶，之后这里就开始酿造烧酒。中世纪以来，烧酒用于治病，16 世纪生产开始发展。到了 19 世纪，人们已经离不开它，以至于殖民海外的人也要从境内运去。

好人腓力继位之后，为了报杀父之仇，发动了阿马尼亚克——勃艮第之战，并和英格兰国王亨利六世结盟，同时与英格兰王室、葡萄牙王室联姻。

好人腓力的举动引起了法兰西的强烈不满，好人腓力并不想过多的参与英、法间的战争，而是企图在英、法两国战争中，继续不断地扩大自己的领土。

公元 1421 年，好人腓力将那穆尔收入囊中。

公元 1430 年，他继承了布拉班特和林堡公爵爵位，将两地纳入自己的统治。

公元 1432 年，埃诺、荷兰、泽兰归其所有。

公元 1441 年，好人腓力获得了卢森堡公国。

公元 1456 年，好人腓力扶持自己的私生子大卫成为乌特勒支主教，并让自己的侄子路易·波旁成为列日主教，从而控制了这两个主教区。

◉ 勃艮第公爵好人腓力

好人腓力是无畏者约翰和巴伐利亚的玛格丽特的儿子，1396 年出生在第戎。是瓦卢瓦王朝的第三代勃艮第公爵（1419—1467 年在位），英法百年战争末期欧洲重要的政治人物之一。

◉ 圣女贞德

圣女贞德是法国的军事家、天主教圣人，被法国人视为民族英雄。在英法百年战争中她带领法国军队对抗英军的入侵。好人腓力是造成圣女贞德惨死的罪魁祸首。公元 1430 年，好人腓力参加了对法国贡比涅的围困。勃艮第军队在这次战斗中俘获了贞德，并毫不犹豫地将她烧死。

为了控制尼德兰所有的省份，他在公元 1464 年成立了第一届总议会，由各省议会代表选举行省的统治者，这人称为“执政王”。但这些省份并没有被真正统一，它们视彼此为独立的王国，不允许各省官员自由通行。

最后一位独立的勃艮第公爵大胆的查理

公元 1467 年，好人腓力的儿子大胆的查理成了新一任勃艮第公爵后，更是将父亲好人腓力扩张领土的思路发扬光大了，随着勃艮第公爵领土不断地扩大，大胆的查理的野心开始膨胀，他参与了欧洲大国间的政治斗争：

首先因为阿尔萨斯问题，大胆的查理和奥地利大公西吉斯蒙德产生矛盾；后来又参与莱茵省的内部斗争，并且在洛林公国继承人的问题上指手画脚。

大胆的查理四处战斗，给勃艮第树立了众多敌人。公元 1477 年 1 月 5 日，大胆的查理与得到法兰西国王路易十一支持的瑞士长矛兵作战时，由于雇佣军的出卖在南锡战役阵亡 。几天后其被野狼啃掉一半脑袋的尸体才被从冰冷的湖水中打捞出来。他的独生女玛丽为了保卫领地，提前嫁给了哈布斯堡家族的马克西米利安一世。在他统治下的尼德兰地区，成了女儿的陪嫁品，几经转手，最后落入哈布斯堡王室的势力之下。

◉ 大胆的查理

大胆的查理是好人腓力与葡萄牙公主伊莎贝拉之子，生于第戎。他努力扩张已经十分强大的勃艮第公国的力量，企图使勃艮第成为完全独立的政治实体。这让他与幼时玩伴法兰西国王路易十一之间的冲突日益激烈，最终死于路易十一支持的瑞士长矛兵之手。

第二章
荷兰落入西班牙之手

勃良第公爵大胆的查理战死疆场后，其独生女玛丽嫁给了哈布斯堡王朝的马克西米利安一世，尼德兰地区随之落入哈布斯堡王室手中。

尼德兰落入西班牙之手

在勃艮第控制下的尼德兰，毛纺织业是通过在英格兰经过深加工之后，再出口到整个欧洲地区的，这使得法国的毛纺织业受到重创。法国失去了毛纺织业的经济支柱后，开始大力发展其他商品，挤占了勃艮第控制下的其他手工制造业产品的市场份额，这导致了勃艮第公国国力逐渐衰弱，连带着使得毛纺织业也开始衰退。

尼德兰地区经济转型

毛纺织业的衰弱，促使勃艮第公国统治下的尼德兰地区经济转型。

列日等地区冶金业中心开始转型生产军火；布鲁日等以纺织业为主的城市则开始经营进出口商品的转销：他们从英格兰进口毛纺织品，然后销往勃艮第本土和德意志地区，再将勃艮第本土和德意志地区生产的酒类销往英格兰。

⊙ 安特卫普城市广场

安特卫普位于比利时西北部斯海尔德河畔，是比利时的最大港口和重要工业城市。公元2—3世纪日耳曼部落已定居在安特卫普，随后遭到作为罗马雇佣军的法兰克人的袭击。在查理曼大帝统治期间，修建了军事要塞，期间有基督教圣徒到访。

勃艮第公爵是勃艮第公国统治者的头衔，公元 843 年由西法兰克王国的查理二世创立。勃艮第地区位于法国东北部，是法国古老的葡萄酒产区。

好人腓力一生娶妻 3 次，第一次是 1409 年与法兰西的米歇尔结婚；第二次是 1424 年与阿图瓦的博内结婚；第三次即 1430 年与葡萄牙的伊莎贝拉结婚。

这种经济变化，使得拥有优良海港条件的安特卫普逐渐发展，在公元 1450 年左右开始成为尼德兰地区出口转销业务的核心地区。

好人腓力利用与葡萄牙联姻获得香料转运贸易

除此之外，受政治影响，公元 1430 年，时任勃艮第公爵的好人腓力与葡萄牙公主伊莎贝拉结婚，使得尼德兰成了欧洲西北部香料贸易的重要中转地：葡萄牙人将从非洲沿岸甚至印度洋地区购进的香料运送至尼德兰，再由尼德兰商人转销到西欧其他国家。这一转变，使得尼德兰地区由过去的手工制造业经济逐渐转变成商贸经济，并且成为尼德兰的立国之本。

神圣罗马帝国与法兰西瓜分了勃艮第公国

公元 1477 年，大胆的查理在南锡战役中战死后，勃艮第公国本土迅速被法兰西王室和洛林公国占据，尼德兰地区奉大胆的查理的女儿玛丽为女公爵，她是神

◉ 南锡战役 – 古籍插画

南锡是法国著名的历史文化名城，中世纪中后期几乎一直是洛林公国的首府。法国大革命后，南锡成了法国默尔特 – 摩泽尔省的省会并再无变动。

南锡战役是勃艮第战争的最后战役和决定性战役，1477 年 1 月 5 日在南锡城外爆发，由勃艮第公爵大胆的查理对阵洛林公爵和瑞士联邦。战役结果是勃艮第公爵大胆的查理阵亡，勃艮第公国瓦解。

圣罗马帝国的太子马克西米利安一世的未婚妻。

于是，神圣罗马帝国的太子马克西米利安一世被扯入局中。公元 1477 年 8 月 19 日，马克西米利安一世和玛丽大婚，同时神圣罗马帝国的军队开入尼德兰境内，帮助玛丽抵抗法兰西人的入侵。

公元 1482 年 3 月 27 日，玛丽意外落马身亡，马克西米利安一世想顺手接收妻子尼德兰地区的领地，但是当地贵族不服，同年，马克西米利安一世和玛丽 4 岁的儿子（“美男子”腓力）被捧到了领主位置，神圣罗马帝国与法兰西签订了分割勃艮第公国的《阿拉斯和约》。

◉ 马克西米利安一世

马克西米利安一世（1459—1519 年）是神圣罗马帝国皇帝查理五世（罗马人民的国王卡尔五世，西班牙王卡洛斯一世）的祖父，亦是哈布斯堡王朝鼎盛时期的奠基者。

尼德兰地区与汉萨同盟的冲突

即便是勃艮第公国被神圣罗马帝国和法兰西分割了，但是尼德兰的贸易依旧如同往日一样繁荣。

尼德兰在海牙建立常设的海事机构

公元 1488 年，尼德兰在海牙建立了常设的海事机构，用于应对与“汉萨同盟”的海上冲突。

15 世纪的汉萨同盟与希腊时代的汉萨同盟含义不同，中世纪的汉萨同盟是由商人组团，由于对共同利益的考量，横贯整个北海、波罗的海等地水域的商业集团。

早期，汉萨同盟有效地保护了海上商人的安全，提高了商人的积极性，但随着勃艮第公国将尼德兰地区经济、政治一体化之后，慢慢地将尼德兰推到了汉萨同盟的对立面。

汉萨同盟是德意志北部城市之间形成的商业、政治联盟。汉萨（Hanse）一词，德文意为“公所”或者“会馆”。13 世纪逐渐形成，14 世纪达到鼎盛，加盟城市最多达到 160 个。同盟垄断了波罗的海地区贸易，并在西起伦敦，东至诺夫哥罗德的沿海地区建立商站，实力雄厚。15 世纪转衰，公元 1669 年解体。

◉ 英格兰国王爱德华四世

约克公爵理查·金雀花之子，出生于法国的鲁昂。父亲理查于公元 1460 年在韦克菲尔德战役战死后，爱德华四世成为约克派首领。公元 1461 年，打败亨利六世，并于伦敦即位。亨利六世与皇后玛格丽特逃亡到苏格兰。

汉萨同盟开始发难尼德兰

公元 1474 年，汉萨同盟劫掠了英格兰东部海岸，逼迫爱德华四世特许他们继续垄断英格兰的对外贸易，同时尼德兰在北海和波罗的海的商贸活动，时常受到汉萨同盟海军的袭击，当然尼德兰人同样还以颜色，也经常抢劫他们的商船。

尼德兰海事机构不断有小弟加入

汉萨同盟虽然是商业联合体，但拥有极强的海上武装船队，14 世纪时，他们就一度击败了以北欧海盗闻名的丹麦和瑞典。可是在尼德兰地区的海上商贸问题上，汉萨同盟的武装商船完全发挥不了作用，渐渐的，原来跟随汉萨同盟的“小弟”开始退出同盟，转而投奔到尼德兰海事机构麾下。

归于西班牙王室的尼德兰

公元 1492 年 10 月 12 日，热那亚籍的航海家克里斯托弗·哥伦布在西班牙王室的资助下，成功地抵达了美洲的巴哈马群岛，由此开启了西班牙探索和开发新大陆的热潮，西班牙人的不等价贸易和直接掠夺，

◉ 克里斯托弗·哥伦布

克里斯托弗·哥伦布（1450/1451—1506 年），探险家、殖民者、航海家，出生于中世纪的热那亚共和国（今意大利西北部）。哥伦布的向西航行到达东印度群岛的探险计划得到了西班牙王室的支持，最终于1492 年发现了美洲新大陆。

使得美洲印第安部落积累的贵金属和珠宝，被源源不断地运回西班牙。

暴富的西班牙促成了政治联姻

公元1493年，马克西米利安一世继承了神圣罗马帝国皇帝之位，暴富的西班牙让他眼热，于是让长子也是尼德兰领主的“美男子”腓力与西班牙王室的二公主胡安娜定亲，又将女儿许配给了西班牙太子约翰一世，完成了政治联姻。

公元1496年年底，一支由上百艘商船组成的西班牙王室舰队承载着公主胡安娜，将钱和人一起送到了尼德兰，与尼德兰的领主“美男子”腓力完婚。翌年，尼德兰也带着足够的诚意，送马克西米利安一世的女儿与西班牙太子约翰一世成亲。

胡安娜是西班牙天主教双王费尔南多二世和伊莎贝拉一世的次女，拥有西班牙王位的继承权。她深爱着自己的丈夫“美男子”腓力，但他却是个花花公子，这让她大受刺激，精神崩溃，被诽谤为“疯女”，被丈夫和儿子囚禁了50年。

“美男子”腓力

西班牙公主胡安娜

◉ 西班牙国王卡洛斯一世

卡洛斯一世(1500—1558年)是西班牙哈布斯堡王朝首位国王，也是神圣罗马帝国皇帝（查理五世），16世纪欧洲最强大的君主。

西班牙国王卡洛斯一世

西班牙太子约翰一世婚后不久便死了，没有子嗣。加之有西班牙王位继承权的人都先后相继去世，西班牙王位的继承权落到了胡安娜手中。而胡安娜与“美男子”腓力生有一子卡洛斯。于是，卡洛斯顺理成章地成了西班牙王位的法定继承人。

公元1506年，卡洛斯的父亲“美男子”腓力英年早逝，卡洛斯继承了勃艮第公爵爵位，成了西属尼德兰（荷兰和比利时）的统治者。

公元1516年，卡洛斯的外祖父西班牙国王费尔南多二世病逝，卡洛斯继位成了西班牙国王，称卡洛斯一世。他成为一片巨大领地的拥有者，这片领地包括他母亲的卡斯蒂利亚和费尔南多二世统治的阿拉贡王国、纳瓦拉王国、格拉纳达王国、那不勒斯王国、西西里王国、撒丁岛，以及整个西属美洲（在他统治时期，西班牙在美洲的殖民地由于征服墨西哥和秘鲁又扩大了好几倍）。

公元1519年，卡洛斯的祖父、神圣罗马帝国皇帝马克西米利安一世病逝，卡洛斯又继承了神圣罗马帝国帝位，称查理五世，并继承了家族对奥地利和阿尔萨斯的统治。

这时，从勃艮第走出来的卡洛斯代表的哈布斯堡王朝成为坐拥西班牙、美洲殖民地、意大利半岛南部的那不勒斯、西西里、尼德兰以及神圣罗马帝国的庞大的帝国。

在欧洲人心目中，他是哈布斯堡王朝争霸时代的主角，也开启了西班牙日不落帝国的时代。

西欧大小王室之间为了政治目的经常通婚，常会出现因为继承问题而被吞并或者合并的情况。于是就出现了同一人，在神圣罗马帝国称查理五世，在西班牙称为卡洛斯一世的现象。

公元1469年，伊莎贝拉嫁给了阿拉贡的王子费尔南多，卡斯蒂利亚和阿拉贡的联姻为两个王国的最后统一奠定了基础。

◉ 费尔南多二世

公元1479年，费尔南多二世继位，成为阿拉贡国王，与卡斯蒂利亚正式合并为统一的西班牙王国，夫妇二人被称为“天主教双王”。

西班牙经济引擎——尼德兰

无论是勃艮第公国，还是哈布斯堡王朝，在其政治版图上，尼德兰始终扮演着经济引擎的角色。

作为中间人、加工者和推销商，尼德兰人从葡萄牙和西班牙那里装载香料、丝绸和黄金，然后把它们运销到欧洲各地；返航时他们再为葡萄牙和西班牙带来波罗的海的小麦、瑞典的铁器、芬兰的木材，以及自己需要的海军补给品。这样的经济模式使尼德兰地区变成了富庶的宝地。

伸向尼德兰钱袋的西班牙之手

在西班牙国王卡洛斯一世近40年的执政时间里，战争几乎是他的全部。他投身于和法兰西王室争夺意大利的战争之中，这一时期他是成功的，他不仅成功耗死了路易十二和弗朗索瓦一世两任法兰西国王，同时还击败了朝秦暮楚的米兰、佛罗伦萨、威尼斯等意大利城邦，最终成就了西班牙在意大利南部的霸权地位。

◉ 伊莎贝拉一世

公元1474年，23岁的伊莎贝拉一世成为卡斯蒂利亚女王。

愈发艰难的局势：哈布斯堡王朝的领地一分为二

◉ 医院骑士团徽章

医院骑士团即耶路撒冷罗得岛及马耳他圣约翰主权军事医院骑士团，简称“马耳他骑士团”，成立于公元 1099 年，最初是由法国贵族杰拉尔德和几名同伴在耶路撒冷的施洗者圣约翰教堂附近的医院里成立，主要目的是照料伤患和朝圣者。

就在西班牙势力不断扩张，意大利战争尚未结束之际，奥斯曼帝国来势汹汹，开始侵吞地中海及东、南欧的领土。

公元 1523 年，曾为东征的十字军提供医护服务的医院骑士团，被奥斯曼帝国的海军逼退至西班牙治下的马耳他岛，从而丢失了自己的大本营——罗得岛。

公元 1526 年，奥斯曼帝国的苏莱曼大帝在蓝色的多瑙河大败匈牙利军队，严重威胁哈布斯堡王朝的核心领土奥地利。

另外，在地中海沿岸，常有奥斯曼帝国授意的海盗活动，虽然查理五世（卡洛斯一世）组织了几次远征突尼斯和阿尔及利亚海盗的军事行动，也曾尝试与威尼斯联手打击海盗，但是这些海盗依旧让西班牙和意大利南岸烦不胜烦。

罗得岛是希腊第四大岛，是爱琴海地区文明的起源地之一，古时罗得岛上多蛇，其名当取自腓尼基语埃罗得（erod，蛇）。

◉ 苏莱曼大帝

苏莱曼大帝是奥斯曼帝国第 10 位苏丹，也是在位时间最长的苏丹(1520—1566 年在位)，兼任伊斯兰教最高精神领袖哈里发之职。苏莱曼一世在位期间，奥斯曼帝国的舰队称霸地中海、红海和波斯湾。

◉ 随军出征的苏莱曼大帝

◉ 维也纳城中的塞尔玛伯爵雕像

维也纳之战，打出了士气

公元 1529 年，奥斯曼帝国苏丹苏莱曼大帝率领 25 万大军远征匈牙利，因为没有得到满意的战利品，之后在法兰西国王弗朗索瓦一世的怂恿下，苏莱曼大帝亲率 20 万大军，携带 300 门火炮进军维也纳。公元 1529 年 9 月 27 日，奥斯曼人第一次抵达维也纳城下。此时查理五世正在意大利与法兰西交战。因为与法兰西的战争正值关键时刻，所以查理五世根本无法派兵援助维也纳，抵抗奥斯曼帝国大军。

当时维也纳城驻军只有 1.6 万人，防御工事也仅仅是一道并不算特别坚固的城墙，维也纳城周边也没有什么堡垒，城中仅有 72 门火炮，与奥斯曼人相比实力悬殊。

然而在塞尔玛伯爵的领导下，维也纳和西班牙的军队还是顽强地保卫着维也纳这条脆弱的防线。在维也纳城内守军的奋力抵抗下，奥斯曼人被打退了。苏莱曼大帝第一次尝到了失败的滋味，此战也为一直持续到 20 世纪的奥斯曼 – 哈布斯堡战争拉开了序幕。

◉ 西班牙国王腓力二世

腓力二世总共继承了下列领地：西班牙、尼德兰、西西里与那不勒斯、弗朗什孔泰、米兰及全部西属美洲和非洲殖民地。腓力二世时期，西班牙的势力达到顶峰。

公元1529年，奥斯曼大军围攻维也纳，西班牙军队虽然打退了奥斯曼大军，但是这时整个西欧已经乱成一团，使得查理五世力不从心。

在这个多事之秋的当口，神圣罗马帝国内部又开始纷争四起。公元1556年，查理五世身患痛风，宣布退位，并将哈布斯堡王朝的领地一分为二：西班牙王国和尼德兰等归儿子腓力二世；而神圣罗马帝国等则交给弟弟斐迪南一世。

尼德兰人以钱换权的独立政策

出生于根特、成长于尼德兰的查理五世，从身份上就认同自己是尼德兰人，新上任的腓力二世则与其父亲不同，他认为自己是西班牙人。

在查理五世时期，为了满足他的战争预算，尼德兰提供了比之前多出10~15倍的资金。这里的管理者们与查理五世谈判，通过向查理五世纳税而获取更多的权力，以帮助尼德兰人实现更好的自治。

◉ 维也纳城下的奥斯曼大军－油画

这条用钱换权的政策，为尼德兰人争取了发展机会，可随着因战争而不断增加的税收，加上宗教改革的局势，尼德兰地区与西班牙当局的关系变得愈发紧张。

查理五世在这样的情况下宣布退位，新任的国王腓力二世压力颇大。

查理五世统治下的“血腥敕令”

当时，反对天主教的新教加尔文教正在兴起，这是基督教的新教，是基督教三个原始宗派之一，由加尔文所提倡。

加尔文教得到了很好的倡导和传播

16世纪的欧洲宗教改革运动，对宗教的救赎、教会、教礼和教义都进行了深层的讨论及推进，这些变化只跟教众有关，但是有的改革却触及了天主教的利益，比如：加尔文教主张发财致富，支持商业和高利贷，崇尚节俭，主张克制欲望，鼓励积累资金。据说这一切都是为了上帝和灵魂的得救。这个教派改革教会组织，由教徒选举长老和牧师，共同管理教会；各地教会成立联谊会，领导教务，使教会组织具有资产阶级民主的形式。反对封建领主对教会的控制，主张由资产阶级掌握教会实权。

加尔文教这些看似不起眼的主张，非常符合当时的尼德兰新兴资产阶级利益，于是在尼德兰得到了很好的倡导和传播。而西班牙王室从伊莎贝拉一世和费尔南多二世开始，就是坚定不移的天主教教徒，他们不能容忍尼德兰发生宗教改革，因此维护天主教，把新教徒称为“异端”。

加尔文雕像

加尔文教是基督教新教主要宗派之一，以加尔文神学思想为依据的各教会团体的总称。由于加尔文改革了天主教的传统教义，故又称“Reformed Churches”，又称为归正宗，该宗实行长老制，由信徒推选长老与牧师共同管理教会，所以亦称长老宗。

◉ 圣像破坏运动之前荷兰的港口 – 古籍插画

公元 1566 年 8 月 11 日爆发的“圣像破坏运动”，是由尼德兰手工业者、平民和农民发动的反对天主教会和西班牙殖民统治的人民运动，由此揭开了尼德兰资产阶级革命的新篇章。

公元 1566 年 8 月 11 日，尼德兰的佛兰德斯一些城市首先发动起义，开始时锋芒指向教会，他们手持木棒、铁锤，冲进教堂寺院，把所谓圣像、圣骨之类的“圣物”全部捣毁。这就是尼德兰历史上的“圣像破坏运动”。其实，他们并不限于破坏天主教堂，还打开监狱释放被囚禁的新教徒。在许多农村，有些农民烧毁田契，还建立武装和夺取政权。

血腥诏令

公元 1550 年 9 月 25 日，时任西班牙国王的查理五世颁布了“血腥诏令”：禁止加尔文教等传播，禁止破坏天主教圣像，禁止讨论和争辩《圣经》；违者处以杀头、活埋或火刑，并没收财产；有为新教徒请求赦免者，一并处罚。

西班牙的高压政策激起了尼德兰地区反对“血腥诏令”的暴动，即公元 1566 年 8 月的圣像破坏运动，尼德兰地区 17 个省中有 12 个省卷入，共拆毁了 5500 所教堂和修道院。

哈布斯堡家族统治下的尼德兰

查理五世颁布的“血腥诏令”使尼德兰地区人民抵触情绪高涨，而且起义不断，这对于西班牙新国王腓力二世来说，可不是个好消息。

西班牙当局被起义吓坏了，一边发表宣言，佯装答应群众的要求，停止迫害新教徒；一边拉拢起义队伍中的贵族和资产阶级，分化瓦解革命队伍。由于贵族和资产阶级的动摇和叛变，起义被西班牙镇压，起义者被杀害 8000 多人。

尼德兰贵族与腓力二世的冲突

腓力二世继承了西班牙和尼德兰之后，同样继承了父亲查理五世的扩张意图，这时候，腓力二世在与法国进行战争，需要大量的资金支持战争消耗。

◉《盲人的寓言》

《盲人的寓言》是 16 世纪画家老彼得·勃鲁盖尔（尼德兰）绘制的一幅以人物为题材的油彩画。主要描述了 6 个盲人互相扶持着，沿着画面的对角线由左上方向右下方运动，却不知已陷入险境，领头的第一个盲人已跌入壕沟，紧接着的一个被牵动着失去了平衡，等待其他盲人的将是同样的命运。这幅作品被认为是 16 世纪欧洲绘画的巅峰作品之一。

尼德兰的贵族和腓力二世争论的焦点在于纳税问题

腓力二世需要大量的资金，而富有的尼德兰则是他的财富仓库，于是他希望在尼德兰加强税收制度来维持战争。但是这对于有自治传统、崇尚自由的尼德兰人来说是不可想象的，他们只愿意按分配提供不同额度的钱，不希望放弃手中的自主权。

腓力二世加深了对新教徒的迫害

腓力二世自幼生长在西班牙，是一位狂热的天主教徒，他无法容忍新教在尼德兰的发展，于是派出了所谓的宗教警察镇压所有的异教徒，许多非天主教徒都受到了迫害。

原本富有的尼德兰能为西班牙提供大量的资金，而如今的尼德兰反叛势力此起彼伏，而且有越演越烈的趋势。

◉ 哈布斯堡家族徽章

腓力二世因为和法国的战事不断，无法分心尼德兰的纷乱，非常烦恼，于是把尼德兰地区交给自己的姐姐玛格丽特·德·帕尔马管理，并给玛格丽特留下了西班牙的部分军队和智囊团。

◉ 玛格丽特·德·帕尔马

玛格丽特·德·帕尔马是神圣罗马帝国皇帝查理五世（西班牙卡洛斯一世）的私生女。

尼德兰女总督：帕尔马的玛格丽特

玛格丽特·德·帕尔马的母亲约翰娜是佛兰德斯人，在当时法国蒙提尼领主查理·德·拉莱恩家中当侍女。16世纪的欧洲，让家中侍女为尊贵的男性客人侍寝是上流社会重要的待客之道。约翰娜就是在这样的情况下珠胎暗结，生下了玛格丽特。由于是私生女，出生后的头几年，玛格丽特是在普通人家度过的。后来查理五世得到了消息，便派人将她接到奥地利，交给自己的姑母奥地利的玛格丽特女大公和妹妹匈牙利王后玛丽抚养，得到了家族中两位长辈的精心培养。公元1599年，玛格丽特出任尼德兰总督一职。

奥兰治亲王威廉受命管理荷兰等地区

女总督玛格丽特·德·帕尔马熟知尼德兰习俗，了解西班牙政策，也认同尼德兰人的民族主义情绪，这看上去似乎成为她可以胜任总督的理由，她试图用灵活的手段掌控局面。于是她将尼德兰地区各省管理权交给了当地的贵族，其中，荷兰、泽兰和乌特勒支交给了深受其父亲查理五世信任的奥兰治亲王威廉。

然而腓力二世留下的西班牙军队和智囊团想改组尼德兰天主教教区，在尼德兰政治当局之外又设立了一个“咨询院”，掌权的是阿拉斯大教堂

◉ 阿拉斯大教堂

古罗马时期，阿拉斯是重要的罗马兵营。中世纪时法国阿拉斯和阿图瓦地区曾多次易主，是英法百年战争的发生地。

的主教格兰维尔。事实上，尼德兰贵族和西班牙贵族曾经一道分享着尼德兰的统治权。腓力二世即位以后，从维护西班牙王室的利益出发，只通过西班牙人统治尼德兰，而对尼德兰贵族采取歧视政策。格兰维尔逐渐把尼德兰人从政府机关和军队中排挤出去。许多尼德兰贵族陷入贫困，因而十分愤懑。

新的纳税制度及敕令也激怒了尼德兰人。首先，尼德兰的大贵族们开始发难。由奥兰治亲王、埃格蒙特和霍恩伯爵三位当地贵族联名上书腓力二世，他们抨击政府的政策，要求恢复尼德兰过去享有的地方特权，撤走西班牙军队，召回尼德兰人所痛恨的格兰维尔，以及停止迫害新教徒等，否则这三人就要联合“罢工”。玛格丽特为了稳定局势，也参与了劝说，公元1564年，格兰维尔终于被撵走了。

卡洛斯一世生前与腓力二世讨论过都城问题，还告诉过他：“如果你想要国运昌盛，就迁都里斯本；如果想做守成之君，就留在托雷多；如果想要国家衰落就迁都马德里吧。”腓力二世为了炫耀国力和顺应爱妃的愿望，于是迁都马德里，大兴土木兴建豪华的宫殿。自他迁都马德里之后，西班牙国力一蹶不振，他父亲的话果然一语成谶。

查理五世是宠信尼德兰贵族的，他的许多大臣和将军都是尼德兰人。当时尼德兰贵族和西班牙贵族一起分享着尼德兰的统治权，奥兰治亲王威廉就当过他的秘书。

奥兰治亲王威廉

荷兰国父——奥兰治亲王威廉

威廉·范·奥兰治（1533—1584年），即威廉一世，又称“沉默者”威廉，是领导荷兰独立的荷兰共和国首位执政，被尊称为“荷兰国父”。

公元1533年4月24日，威廉·范·奥兰治出生在拿骚伯爵家族，出生这天开始就拥有了拿骚伯爵领地的继承权。

11岁时，因为其堂兄战死，他又继承了奥兰治亲王的爵位和领地；

18岁时，同伯伦女伯爵安妮结婚，成了尼德兰首屈一指的大贵族。

22岁被任命为马斯军团司令，并进入尼德兰总督府政务院；

26岁成为荷兰、泽兰、乌特勒支三省执政（由女公爵玛格丽特授命），开始反对西班牙的专制统治。

……

奥兰治亲王为了对抗强大的西班牙，散尽千金招募了一支军队，在他的影响之下，不断有新的力量加入到反抗西班牙的战斗中。最终在西班牙的“铁桶”统治下打开了缺口。

奥兰治亲王终于胜利了，他为荷兰人打开了一扇自由的大门，而自己也成就了历史的美名——荷兰国父。

第三章
荷兰独立之路

在西班牙统治下的尼德兰人民生活在水深火热之中，为了摆脱西班牙人的盘剥和迫害，他们开始拿起武器反抗。

独立战争的开启——圣像破坏运动

公元1566年4月5日，200多名尼德兰贵族以“贵族同盟”的名义，联名向时任尼德兰总督玛格丽特递交请愿书，要求撤销宗教裁判所并马上恢复大议会。

面对贵族同盟的请愿，玛格丽特虽然下令宗教裁判所暂停在尼德兰境内的活动，但是否恢复大议会，还需要等待国王腓力二世的批复。不过尼德兰贵族却没有这样的耐心，同年7月28日，他们再度掀起规模更大的请愿行动，这一次奥兰治亲王及各省执政者从幕后走到台前，明确了他们的态度，并开始私下招募军队。

西班牙的宗教裁判所是公元1478年由伊莎贝拉一世女王要求教宗思道四世准许成立的，用以维护天主教的正统性，以残酷的手段惩罚异端，教宗思道四世虽曾指责，但教廷始终没有禁止此种行为。

◉ 圣像破坏运动－刻板画

爆发圣像破坏运动，达成和解

就在“贵族同盟”与尼德兰总督的对峙尚没有结果的时候，8月11日，佛兰德斯等地率先爆发了声势浩大的圣像破坏运动，并迅速蔓延至尼德兰全境。

同年8月20日，圣像破坏运动波及尼德兰的安特卫普圣母院大教堂，接着其他城市也行动起来。面对来势汹汹的民众，女公爵玛格丽特与“贵族同盟”达成和解，部分贵族接受了玛格丽特的条件，其他贵族意识到腓力二世不可能承认这次和解，于是开始在加尔文主义者（新教徒）中筹款征募军队，守住占领的城市。

基督教中有明确的基本教义，就是对圣像的崇拜，因此破坏圣像就成了历代宗教人士反对教会的重要形式，而在普通信众的眼中，砸烂精美的圣母像、破坏精致的圣灵像并非“大罪”，反倒是表达感情的直率行为，并且还能抄出主教们的私藏财物，因此，一旦爆发圣像破坏运动，往往会有一呼百应的效果。整个16世纪，欧洲各地都曾爆发过此行为，比如德意志、苏格兰和法兰西。

乞丐军被打败，尼德兰起义被暂时平定

西班牙政府的让步，并没有让尼德兰“贵族同盟”感觉安心，他们除了与加尔文主义一起守住占领的尼德兰的城市、建立了军事据点外，部分加尔文主义者还转移到森林里和海上，组成“乞丐军”，展开了游击战，神出鬼没地袭击了西班牙的城市瓦伦西亚，并占领了该城，建立军事据点，1566年9月17日，西班牙政府军队企图进入瓦伦西亚，被占领瓦伦西亚的加尔文主义者拒绝，尼德兰起义就此开始。

16世纪时的尼德兰正处在西班牙王国的统治下。尼德兰人从贵族、市民到广大劳苦大众忍无可忍，纷纷组织起来砸教堂、冲监狱，掀起了一场声势浩大的起义。西班牙贵族辱骂造反的尼德兰人为“乞丐”，而起义者则喊出了“乞丐万岁”的口号，自称为“乞丐军”反过来用它嘲讽西班牙统治者。陆上的叫“森林乞丐”，海上的叫“海上乞丐”，共同构成了对抗西班牙统治者的主力军。

◉ 中世纪的安特卫普圣母院大教堂－油画

安特卫普圣母院大教堂是一座从公元1352年开始动工，历经200年而建成的大教堂，虽然耗时日久，几经战火，经历无数建筑师的监造，不过，整个建筑风格却相当一致、和谐。是哥特式建筑的代表作，占地约有2.5英亩。

瓦伦西亚城堡

瓦伦西亚是西班牙第三大城市，第二大海港，号称是欧洲的“阳光之城”，位于西班牙东南部，东濒大海。

以武力反抗西班牙的成员自称“乞丐军”，这一名称在公元1566年给玛格丽特的初次请愿中曾多次出现。据说玛格丽特的内阁大臣曾对玛格丽特说：他们不过是乞丐（意指“贵族同盟”）。因此“贵族同盟”的军事成员自称“乞丐军”并以此为荣誉的象征。

12月6日，西班牙政府军开始包围瓦伦西亚城堡并攻城。12月27日，试图援助瓦伦西亚的加尔文主义者和乞丐军在瓦伦西亚郊外被击溃。虽然西班牙夺回了瓦伦西亚，但是，却让西班牙国王更加担心尼德兰的安危。

与尼德兰新任总督阿尔瓦公爵的对决

公元1566年11月29日，西班牙国王腓力二世任命“铁血总督”阿尔瓦公爵——费尔南多·阿尔瓦为尼德兰总督，镇压尼德兰人民起义。

相传，公元前13世纪，古希腊人用一匹木马攻克了特洛伊，夺走了那里的财宝，摧毁了那座曾经顽强抵抗的城市。一部分特洛伊人幸运地躲过了古希腊人的杀戮，然后一路逃到西班牙境内的瓦伦西亚。

坚定执行国王给予的三大任务

公元1567年8月，“铁血总督”阿尔瓦公爵率领一支由西班牙人和意大利人组成的军队来到尼德兰地区。

女公爵辞去摄政之位，阿尔瓦公爵大权在握

最初，“铁血总督”阿尔瓦公爵只是担

阿尔瓦公爵

费尔南多·阿尔瓦（1507—1582年），西班牙贵族、军人和政治家。在查理五世统治西班牙的时代就因军功得到了显赫地位。在腓力二世继位之后，深受信任，当尼德兰地区的叛乱加剧时，就被派来这里。吞并葡萄牙时也是由他率军攻入里斯本。

任问题解决者的角色，随着阿尔瓦公爵权力的不断扩大，玛格丽特感到自己在这里已经没有意义，因此便辞去摄政之位，回到了意大利。阿尔瓦公爵上任伊始，便开始执行腓力二世交代给他的三项任务——惩治叛乱分子、确保尼德兰人只信仰天主教、建立集权化政府。

阿尔瓦公爵跟随查理五世参加过意大利战争，在这一战中，他率兵打败了反西班牙的联盟军（由法国国王弗朗索瓦一世、教皇和意大利城邦组成）。不仅如此，他还占领了教皇国。

阿尔瓦公爵残忍地屠杀尼德兰民众

“铁血总督”阿尔瓦公爵首先惩治了大批的圣像破坏者，并在一些教区推行天主教特伦特委员会的决议（特伦特委员会在当时可以说是反对宗教改革的中坚力量）。

手握重兵的阿尔瓦公爵在捍卫天主教信仰和西班牙王权的过程中不遗余力，在阿尔瓦公爵统治尼德兰的 5 年时间里，约有 8950 名来自各行各业的尼德兰人被审讯，并被判处叛国罪、异端罪或者两者兼有。被传讯的人中还包括许多贵族，比如奥兰治亲王威廉、霍恩伯爵、埃格蒙特伯爵。

短短 5 年时间，尼德兰被充公的财产高达 3 亿塔勒（当时的货币单位）。尼德兰的贸易和工业陷入停顿，成千上万的难民逃离此地。

奥斯特鲁维尔战役

公元1567年3月13日，西班牙军队在安特卫普北部的奥斯特鲁维尔大败新教军队，数千新教武装人员及其家属惨遭屠戮。奥兰治亲王威廉虽然愤恨西班牙军队的暴行，但此时并未出兵支援新教。

特伦特委员会（又译脱利腾会议、特伦多会议、特伦特会议或天特会议），是指罗马教廷于公元1545—1563年期间在北意大利的天特城召开的大公会议。是罗马教廷的内部觉醒运动之一，也是天主教反改教运动中的重要工具。

奥兰治亲王威廉开始与西班牙军队对抗

“铁血总督”阿尔瓦公爵采取残酷镇压的手段，使尼德兰变成了屠宰场。

奥兰治亲王威廉受过西班牙前国王卡洛斯一世的器重与厚恩，但是尼德兰人民的呐喊和鲜血又使他寝食难安。一度摇摆不定的他最终同尼德兰人民站到了一起，走上了反抗当时最强大的帝国——西班牙帝国的道路。

塔勒

塔勒是 15 世纪末以来主要铸造和流通于德意志等中欧地区的一系列大型银币的总称。塔勒的标准：每枚塔勒（即 1 塔勒）银币重28.0644克，纯度 833‰。

公元 1572—1573 年，尼德兰的梅赫伦、聚特芬、纳尔登和哈勒姆的居民都曾遭到过西班牙军队的屠杀。

阿尔瓦公爵统治时期的尼德兰，哪怕最轻微的怀疑或者仇人的诽谤都可能获罪，而“血色评议会”的判决只会是死刑和财产充公。

突袭荷兰，兵败撤退至法国边境

奥兰治亲王威廉和他的弟弟拿骚的路易因被阿尔瓦公爵迫害而逃到迪伦堡后，就开始着手组建雇佣军，准备对尼德兰进行突袭，并号召人们起来反抗以赶走西班牙人。他们的计划是在公元 1568 年夏季多地一起联合行动反击西班牙人。

蒙蒂尼兵败被俘后被斩首

公元 1568 年 4 月，由维利耶斯·扬·凡·蒙蒂尼率领的 2300 名雇佣军进攻盖尔、鲁尔蒙德市，但由于久攻不下，蒙蒂尼带领的军队溃逃到达尔海姆，和西班牙将军桑乔·阿维拉的军队相遇，蒙蒂尼兵败被俘后被押往布鲁塞尔斩首。

虽然打了一场胜仗，但未能扭转战局

拿骚的路易兄弟在 5 月进攻格罗宁根，但是由于路易兵力不足，未能攻克格罗宁根，而阿尔瓦公爵的西班牙军队则切断了路易的后路。

公元 1568 年 5 月 23 日，路易与弟弟阿道夫在撤退的途中战胜了西班牙军队，歼敌近 2000 人，阿道夫在此战中丧生。

这一战役是奥兰治亲王威廉第一次进军尼德兰行动的第一场胜仗，但此战并未扭转战场局势。

◉ 格罗宁根的马蒂尼塔

格罗宁根是荷兰东北部城市，约 9 世纪始有人居住，原为农业区，12 世纪时发展成为阿河沿岸重要商业中心。约公元 1282 年加入汉萨同盟。14 世纪时实际上是独立的贵族共和国。公元 1580 年被西班牙占领。

奥兰治亲王威廉兵败，撤退到法国边境

公元 1568 年 6 月，奥兰治亲王威廉亲率军队试图夺取列日、马斯和马斯特里赫特，然而阿尔瓦公爵早已获知军情，军队提前驻扎在马斯特里赫特的西部严阵以待。加上奥兰治亲王威廉的盟友配合失当，威廉很快就陷入窘境之中，不得不率军退走。

最终威廉不得不解散了雇佣军，仅剩 1200 名骑兵和他一起撤退到距离法国边境不远的城市卢森堡。

⊙ 马斯特里赫特的教堂

马斯特里赫特是荷兰东南部城市，位于马斯河畔，靠近比利时和德国。

英语新成语“eat no fish”（不吃鱼）

英格兰女王伊丽莎白一世即位后，宗教问题是个非常重要的遗留问题。为了解决宗教纷争，公元 1559 年，女王颁布了新的《至尊法案》，重立英格兰国教，与罗马教廷决裂，重申英格兰国王为英格兰教会最高首领。

公元 1571 年，女王又促使国会通过作为英格兰国教官方教义的《三十九信条》，最终确立了英格兰国教。作为《三十九信条》中的一项规定，英格兰国教摒弃了天主教星期五不准吃肉（在天主教里，星期五不能吃肉，就吃鱼）的斋戒。《三十九信条》在英格兰历史上意义重大，它一直沿用到今天。

英格兰的许多百姓为了表明自己的态度：站在伊丽莎白一世一边与天主教划清界限，他们的一项标志性的做法和口号是“星期五不吃鱼”。

“星期五不吃鱼”又缩略成“不吃鱼”。

再次进攻尼德兰，战况朝着理想的方向发展

在打败了奥兰治亲王威廉之后，阿尔瓦公爵俨然成为尼德兰真正的主人，他在尼德兰的统治更是变本加厉。一方面借助“血色评议会”大肆镇压新教徒，另一方面则开始增加新的税收项目来为西班牙提供资金，这些繁重的税收更加激起了尼德兰人民的不满。

伊丽莎白一世成为英格兰女王后，大力扶持海盗为其劫掠财富，这个时期英格兰成了各国海盗的避难所，因此荷兰的“海上乞丐”在这个时期就靠着英格兰的庇护逐渐壮大了起来。

“乞丐军”逐渐聚集到亲王旗下

在军事上，“铁血总督”阿尔瓦公爵虽然取得了陆地上的

“海上乞丐”主要是由水手、渔夫和码头工人组成的。

伊丽莎白一世终身未嫁，这成为她的政治手段之一。她对待别人的追求从不拒绝，也不同意，做无表态状，这样在国际上拉扯着各方关系，她利用未婚待嫁的身份，对先后向其求婚的西班牙、神圣罗马帝国、法国、瑞典等王室虚与委蛇，以自己的婚姻为筹码，在欧洲大陆各国，特别是法兰西和西班牙这两大强国之间进行权力平衡，为英格兰最大限度地谋求国家利益。

英格兰女王伊丽莎白一世

伊丽莎白一世（1533—1603 年），是都铎王朝最后一位君主，英格兰与爱尔兰的女王（1558—1603 年在位），也是名义上的法国女王。公元 1559 年 1 月 15 日，伊丽莎白正式加冕成为英格兰女王。伊丽莎白一世即位之初成功地保持了英格兰的统一。经过近半个世纪的统治后，使英格兰成为欧洲最强大的国家之一。她终身未嫁，因此被称为“童贞女王”。也被称为“荣光女王”“英明女王”“海盗女王”。

胜利，但是却面临着海上的侵袭。早期尼德兰反抗暴乱时，“乞丐军”就已参与到不同的战役之中，后来被西班牙军队打散后，他们就开始在海上运输和劫掠物资。由于尼德兰和英格兰贸易往来密切，英格兰的许多港口都成了“海上乞丐”的藏身地，虽然阿尔瓦公爵曾派兵围剿“海上乞丐”，但是效果甚微。

随着奥兰治亲王威廉败走之后，原本流散的“森林乞丐”和“海上乞丐”逐渐聚集到他的旗下。

“海上乞丐”攻克了登布里尔后的连锁反应

到了公元 1572 年，英格兰女王伊丽莎白一世为了改善和西班牙的关系，将“海上乞丐”从英格兰港口驱离。被驱离的“海上乞丐”来到了荷兰海滨的小镇登布里尔。

4 月 1 日，“海上乞丐”攻克了登布里尔，标志着“乞丐军”起义正式爆发。

最初，阿尔瓦公爵并没有把这个消息放在心上，然而接下来起义军的迅速蔓延，超出了阿尔瓦公爵的控制范围。

在登布里尔被“乞丐军”占领之后的几个月中，荷兰、泽兰的许多城市都加入了起义军中。

任命路易为“乞丐军”的统帅，战果颇丰

公元 1572 年 4 月 14 日，奥兰治亲王威廉呼吁尼德兰人民反抗阿尔瓦公爵的残暴统治，并任命他的弟弟路易为“乞丐军”的统帅，开始第二次进军尼德兰。

5 月底，“乞丐军”占领了瓦伦西亚和蒙斯。此后不久，荷兰和泽兰的城市中除米德尔堡、

戈斯、阿姆斯特丹仍归阿尔瓦公爵所有外，其余的城市都站在了“乞丐军”旗下。

◉ 蒙斯之战 –14 世纪战争

蒙斯距布鲁塞尔 54 千米，距安特卫普 100 千米。蒙斯历史悠久，是一个充满了沧桑的城市。同布鲁塞尔一样，都曾经遭到过严重的破坏，经历过多次的入侵和围攻。

纳尔登大屠杀

西班牙军队在阿尔瓦公爵之子唐·弗雷德里克的率领下开始反攻，很快就攻占了“乞丐军”控制下的梅赫伦和聚特芬。唐·弗雷德里克纵容军队烧杀抢掠，更是制造了惨绝人寰的“纳尔登大屠杀”，这座小城仅有 60 人活了下来。紧接着，阿尔瓦公爵父子集中兵力围攻哈勒姆。

哈勒姆，勇猛“娘子军”

尼德兰的时局动荡以来，曾坚定支持西班牙国王腓力二世的荷兰西部城市哈勒姆也加入了起义军中，为了免遭西班牙军队屠戮，全员皆兵的坚守城池长达 7 个月之久，他们不惧死难，全城的男丁都战死之后，当地贵妇克

◉ 荷兰聚特芬城墙

◉ 哈勒姆市政厅

哈勒姆是荷兰最古老的小城之一，多个世纪以来以盛产郁金香而闻名全球，享有“花城”的盛誉。从公元1630年至今一直是郁金香的交易中心，郁金香的香气飘散在哈勒姆的每一个角落，让人心旷神怡。

瑙·西蒙斯多赫特·哈舍拉尔还组织了一支由300名妇女组成的“娘子军”登城死守，为解哈勒姆之围，奥兰治亲王威廉率领乞丐军封锁了阿姆斯特丹。尽管这些都未能改变哈勒姆被攻克的命运，但是给西班牙军队造成了极大的伤亡。

西班牙军队破城之后，以屠城方式报复当地死守的民众，血腥的屠杀并不能左右时局的变化，尼德兰局势依旧朝着理想的方向发展。

第一次尼德兰自由会议的召开

在奥兰治亲王威廉的努力下，尼德兰起义浪潮此起彼伏，终于在公元1572年7月19日至23日，第一次尼德兰自由会议在多德雷赫特的奥古斯丁修道院召开，在这次会议上，来自尼德兰的贵族们讨论了起义的问题，明确表示他们并不反对西班牙国王，而是针对阿尔瓦公爵的暴政，同时认同奥兰治亲王威廉为整个尼德兰反抗西班牙的领导

◉ 第一次尼德兰自由会议会场（奥古斯丁修道院）

多德雷赫特是一个荷兰西部的城市和港口，位于莱茵河和马斯河三角洲的汇合处。

者。这个事件成为八十年战争的开端，荷兰在独立道路上迈出了第一步。

反抗西班牙的队伍有了主心骨，抗争变得更加激烈有序，使得西班牙军队举步维艰。

公元 1573 年 10 月 8 日，疲惫不堪的西班牙军队不得不放弃围攻被乞丐军占领的荷兰北部城市阿尔克马尔，3 天之后，西班牙海军又与“海上乞丐”在须德海爆发了第一次舰队会战，同样以失利而告终。

“铁血总督”阿尔瓦公爵指挥的西班牙军队被奥兰治亲王威廉领导的军队连连挫败，西班牙王室担心会失去对尼德兰的控制，于是在公元 1573 年，西班牙国王腓力二世在尼德兰问题上做了让步，尼德兰的起义开始进入了新阶段，此时，正在指挥围攻莱顿的阿尔瓦公爵因为对尼德兰地区管理不善，被腓力二世召回，灰溜溜地离开了尼德兰。

⊙ 阿尔克马尔市博物馆外墙的雕刻

新任尼德兰总督无法调和宗教矛盾

公元 1573 年 12 月，“铁血总督”阿尔瓦公爵离开了尼德兰，代替他的是路易斯·德·雷克森斯·伊·苏尼加。相对于阿尔瓦公爵，雷克森斯要克制得多，上任伊始，他就宣布除异端者外，其余人等都予以赦免，并废除“血色评议会”和阿尔瓦公爵在尼德兰时期的额外税收。即便如此，雷克森斯

⊙ 路易斯·德·雷克森斯·伊·苏尼加

依然无法调和天主教和新教之间的矛盾。

莱顿城暂时解围，但是路易和亨德里克阵亡

莱顿是荷兰西部城市。在海牙东北 16 千米。公元 922 年见于记载，12 世纪城市环绕城堡发展，1266 年建市。14 世纪纺织业和印刷业发达。

雷克森斯接手了阿尔瓦公爵的烂摊子，此时西班牙军队仍然包围着莱顿城，雷克森斯到任后，下令继续增兵，企图一举攻下莱顿城；解莱顿之围也成了奥兰治亲王威廉的头等大事。

公元 1574 年 4 月，曾在蒙斯城下兵败的拿骚的路易，率领从德意志招募的 5500 名步兵和 2600 名骑兵试图解救莱顿城。

4 月 13 日，拿骚的路易在莱顿城外的穆凯尔海德和西班牙军队相遇，当时西班牙军队有 5000 名步兵和 800 名骑兵。

虽然路易占据兵力优势，但是他低估了西班牙军队的战斗力和当地地形带来的不利因素，两军激战一天，西班牙军队伤亡惨重，已经无法构成对莱顿城的包围之势。但是，路易和他的弟弟亨德里克以及 3000 名士兵却在战争中阵亡。

奥兰治亲王威廉的告诫未能获得重视

穆凯尔海德之战后，奥兰治亲王威廉曾经告诫莱顿市议会，西班牙军队有可能增派重兵围攻已经被包围的莱顿，但

莱顿古城墙

是莱顿市议会并没有采取进一步行动，守护莱顿的只有城市民兵和一支志愿军，而且城内存粮严重不足。

城内外齐心协力，再次粉碎了西班牙的围困

公元 1574 年 5 月 25 日至 26 日，西班牙军队在弗朗西斯科·德瓦尔德斯率领下，再次将莱顿城团团围住，并且围而不攻，企图让莱顿城因缺少给养主动投降。莱顿城内军民在市长范·德·韦尔夫的领导下坚守城门，虽然死亡人数不断上升，但是始终不降。

在莱顿城外，奥兰治亲王威廉一边组织军队与围困莱顿的西班牙军队作战；一边不惜毁掉田地，掘开了更多的堤坝，直到莱顿城周围的水深足以行驶平底驳船。10 月，“海上乞丐”船队突破封锁，把补给运进了城，眼见围困无望的西班牙人被

1574 年时任莱顿市长的范·德·韦尔夫

莱顿被围期间的惨况－油画

据史料记载，在这次西班牙围困莱顿城期间，城中1.8万名居民中有6000人死于饥饿和瘟疫。

迫撤退。

围攻莱顿城失败是西班牙在尼德兰事业的一个转折点，此后，奥兰治亲王威廉的势力已不可能单单靠武力予以镇压了。

尼德兰总督雷克森斯意外身亡

原本“铁血总督”阿尔瓦公爵在尼德兰的时候，就一直使用军队镇压尼德兰人民，军费消耗非常之大，加上当地人抵触西班牙人的血腥统治，所以欠饷问题始终困扰着西班牙军队，然而刚上任的尼德兰总督雷克森斯又让军队吃了败仗，这使得西班牙军队士气更加低迷。

半年之后的公元1576年9月4日，布鲁塞尔爆发起义，起义军占领总督府，西班牙在尼德兰的统治机关被推翻。从此，尼德兰革命的中心转移到了南方。

公元1576年3月，尼德兰总督雷克森斯意外身亡，更让西班牙军队陷入混乱。9月，西班牙军队因欠饷而哗变，哗变的军队从尼德兰北部掉头往南，大肆劫掠佛兰德斯和布拉班特，惊慌失措的两省开始和奥兰治亲王威廉联系，请求威廉来重建秩序。

雷克森斯身亡后，西班牙国王腓力二世立刻派兄弟唐·胡安前往尼德兰地区处理危机。

新任尼德兰总督唐·胡安

唐·胡安是西班牙国王腓力二世的父亲卡洛斯一世的私生子，鉴于对父亲的风流债有着复杂的情绪，加上哈布斯堡王朝人丁不旺，所以有个有着血缘关系的手足在，对腓力二世来说也是一份助力。

◉ 唐·胡安雕像

唐·胡安在公元1571年领导基督教联合舰队击败奥斯曼帝国舰队，取得勒班陀海战胜利。是西班牙全盛时代的著名将军，虽然他勇武、大度，但在处理与腓力二世的关系时颇显不成熟，致使自己的政治生涯未得到全面的展开。

唐·胡安是个有将才的年轻人

唐·胡安比腓力二世年轻20岁，在勒班陀海战中显示出他的卓越军事才能，对于这个兄弟，腓力二世既想重用，又怕会危及自己的子孙，所以他对唐·胡安的策略一直就是“用而不封，信而不宠”。

对于腓力二世的担忧，唐·胡安心中明了，得到腓力二世的命令后，他穿过正深陷宗教战争的法国领土，来到了唯一忠于西班牙的尼德兰行省——卢森堡。

卢森堡位于欧洲西北部，东邻德国，南毗法国，西部和北部与比利时接壤。公元1556年，转归西班牙王国统治。16世纪末起，卢森堡的冶铁业开始发展起来。17世纪，卢森堡卷入三十年战争。如今是卢森堡大公国，也是现今欧洲大陆仅存的大公国，首都卢森堡市。因国土小、古堡多，又有“袖珍王国”“千堡之国”的称呼。

西班牙哗变的军队改变了谈判的进程

公元1576年10月，唐·胡安来到卢森堡后，答应了与起义军的谈判。

谈判进展很顺利，但是一起突发事件改变了谈判的进程。11月4日，哗变的西班牙军队攻入安特卫普，8000多名安特卫普居民在骚乱中被杀，数千栋房屋被焚毁。安特卫普事件迅速激起了尼德兰人民的反抗，起义此起彼伏。11月8日，以奥兰治亲王威廉为代表的荷兰、泽兰及其他同盟为代表的一方与南方诸省（含乌特勒支，不含卢森堡）签署了《根特和平协定》。协定达成了如下共识：

一是恢复奥兰治亲王威廉在阿尔瓦公爵到达之前作为荷兰、泽兰、乌特勒支摄政王的身份，并待总议会予以确认；

二是在总议会出台新的法律之前，取消反异教敕令，并停止敕令的执行。

三是释放被“血色评议会”关押的囚犯，返还被充公的财产。

◉ 卢森堡市地标建筑——库尼贡德雕像

卢森堡是一个高度发达的资本主义国家，人均年收入超过10万美元，是全球人均收入最高的国家。卢森堡的失业率非常低，人民的生活水平很高，人均寿命超过了80岁，在全球来说都是独一无二的。

帕尔马公爵亚历山大·法尔内塞，是曾任尼德兰女总督的玛格丽特的儿子。公元1571年作为唐·胡安的副官，在勒班陀海战中大破奥斯曼帝国海军，翌年返回帕尔马领地，后随唐·胡安赴尼德兰，镇压当地爆发的资产阶级革命（尼德兰革命）。

四是除了荷兰、泽兰早已禁止天主教活动之外的省份，禁止罗马天主教的任何活动。

11月9日，西班牙人首先从根特被驱逐，接下来安特卫普、布鲁塞尔、埃因霍温、格罗宁根、哈勒姆、马斯特里赫特、乌特勒支等地的西班牙政府军按照新任荷兰总督唐·胡安的命令相继撤离。

《永久法令》

公元1577年，唐·胡安开始和尼德兰诸省代表进行谈判，并于2月17日签署了《永久法令》。

《永久法令》

《永久法令》的主要内容包括对《根特和平协定》予以肯定，尼德兰各省份承认腓力二世为国王，认可唐·胡安为尼德兰总督。同时承诺尊重和维护天主教。而西班牙则承诺撤走除卢森堡之外的所有驻军。

并没有解决根本问题

《永久法令》签署之后，西班牙国王腓力二世便将步兵撤往意大利。但是这个法令并没有解决根本问题，唐·胡安一意孤行要求各个省份必须恢复天主教，针对这一举动，荷兰和泽兰率先抗议并退出了谈判，拒绝承认唐·胡安的总督权威，而且已经尝到了独立做主甜头的尼德兰人民，不愿意放弃获得的权利，故而与唐·胡安处处为难。

同年7月，唐·胡安召回了派往意大利的西班牙军队，准备对北方各省下手。与此同时，帕尔马公爵亚历山大·法尔内塞被派往尼德兰镇压起义。不久，唐·胡安去世，法尔内塞继任尼德兰总督。

⊙帕尔马公爵亚历山大·法尔内塞

帕尔马公爵亚历山大·法尔内塞（1545—1592年），西班牙全盛时期最伟大的将领之一。西班牙腓力二世的尼德兰摄政，对保卫西班牙尼德兰领地起过决定性的作用。收复了起义的17个省中的南方10省，其领地组成了今天的比利时。

法尔内塞继任尼德兰总督

帕尔马公爵亚历山大·法尔内塞在尼德兰充分展示了其军事才华和政治天分。

导致南北分裂

法尔内塞在尼德兰一方面在军事上对起义军予以沉重打击，另一方面则采取分化瓦解的策略，利用尼德兰南北省份之间的利益冲突，导致南北分裂。

⊙ 让布卢战役－刻板画

公元1578年帕尔马公爵亚历山大·法尔内塞参与让布卢战役，击溃尼德兰起义军。同年继任尼德兰总督，这样，法尔内塞在34岁便开始了一个光辉的历程。

法尔内塞的分化手段首先在南方取得了效果，他先确保以天主教贵族为核心的南部省份的权利和自由，并做出各种承诺。公元1579年1月，法尔内塞成功策反与北部分离的阿多瓦和海诺特等10个南方省，在阿拉斯城（今属法国）结成奉天主教的阿拉斯同盟，规定在保持南方各省的特权和任命地方贵族担任官职等条件下，效忠西班牙国王，共同镇压革命。

乌特勒支同盟

⊙ 乌特勒支同盟时期的硬币

在这种情况下，为了保护南北战役的战果，北方六省（盖尔德兰、苏特芬、荷兰、西兰、乌特勒支、弗里斯兰）和南方部分城市（布拉班特、弗兰德尔新教徒的代表）于公元1579年1月23日在乌特勒支城达成协议，宣布“更加紧密地结成同盟”，永不分裂，即乌特勒支同盟。从此奠定荷兰共和国的基础（1594年，格罗宁根省加入，总共有七省），称尼德兰联省共和国。同盟在乌特勒支大教堂签

◉ 乌特勒支同盟壁画

乌特勒支同盟政府之间是相互独立的，之后各省筹组荷兰国家议会作为中央机关，正式成为一个联邦国家，议会会址设于海牙。

署了乌特勒支同盟成立条约，条约规定：同盟对外是一个统一运作的整体，对内各省具有自己的特权；同盟的军队统一成一体；在地区斗争中各省互相帮助，一致行动；统一征税；城市驻军费用由同盟承担；荷兰和泽兰确立个人的宗教信仰自由，其他省份可以自由选择宗教和实行独立的宗教政策。

奥兰治亲王威廉被刺杀

公元 1581 年 7 月 26 日，奥兰治亲王威廉在海牙会议上宣布废黜腓力二世，单方面宣告脱离西班牙独立，此即著名的《誓绝法案》。该法案的前言中说："人人皆知，上帝命令君主珍爱其臣民，犹如牧人看管羊群。当君主没尽到这个职责，当他压迫其臣民，践踏他们的权利和自由并待之若奴隶时，那他就不是君主而是暴君。这样，三级会议应合法地废除他，而代之以别人。"奥兰治亲王威廉就任新国家的首任执政。

◉ 乌特勒支大教堂

此大教堂位于乌特勒支的中心，紧挨着大教堂塔楼。这个教堂是荷兰唯一一座类似哥特式建筑风格的教堂，它的塔楼是乌市的最高点。教堂的花窗图案很精致，色彩很绚丽，五彩玻璃窗上讲述着一个个不同的故事。

◉ 枪杀奥兰治亲王威廉－刻板画

这时的葡萄牙国王恩里克去世，葡萄牙王位的继承人选中就有西班牙国王腓力二世。于是此期间腓力二世根本无暇顾及尼德兰的动乱，给了尼德兰独立的契机。

公元 1580 年，随着腓力二世吞并了葡萄牙之后，西班牙的国力到达了顶峰。

公元 1584 年，奥兰治亲王威廉在诸省代表及贵族大臣的一致拥戴下，正式加冕为“荷兰、泽兰伯爵”，成为尼德兰联省共和国（俗称荷兰共和国）首任执政。不料在加冕前两天的 7 月 10 日，奥兰治亲王威廉在家中被腓力二世派遣的刺客热拉尔刺杀，享年 51 岁。

此次加冕，奥兰治亲王威廉的统治版图虽然没有明显的变化，但这是将乌特勒支同盟从共和属性带进世袭领地的关键一步，尼德兰人民本来还在期待他有更大表现的时候，却被刺客刺杀了。其子拿骚的莫里斯成为奥兰治亲王。

奥兰治亲王威廉被枪杀始末

因为奥兰治亲王威廉领导尼德兰人反对西班牙人的统治，公元 1580 年，西班牙国王腓力二世将威廉列为全国头号通缉犯，悬赏 2 万 5 千枚金币要他的性命。

高额赏金就会诱惑到亡命之徒。公元 1582 年 3 月 18 日，奥兰治亲王威廉在安特卫普遭到让・雅鲁盖伊（Jean Jaureguy）射杀，所幸子弹从右耳下方射入，从左脸颊穿出，通过治疗后，很快康复，刺客被侍卫当场捕杀。

公元 1584 年，奥兰治亲王威廉被选为尼德兰联省共和国首任执政的前两天，勃艮第人热拉尔受到巨额赏金和宗教狂热的吸引，找到法尔内塞（西班牙方面对荷兰作战的总指挥），表示愿意刺杀奥兰治亲王威廉。法尔内塞不相信他能成功，遂拒绝预支他些许赏金。但答应他如果成功，会给他全部赏金。

热拉尔伪装成贫穷而虔诚的加尔文教徒，接受奥兰治亲王威廉 2 个银币的施舍后，近距离射杀了他。当子弹射入奥兰治亲王威廉身体时，他大声喊道：“上帝啊，怜悯我的灵魂，怜悯这个年轻人吧。”

热拉尔被捕，他对行刺的成功感到欣慰，随后被处以极刑。

这场战争可以说是葡萄牙海洋帝国寿终正寝之战。虽然葡萄牙贵族在60多年后终于赶走了日落西山的西班牙宗主，但重新获得独立的他们再也没有机会去恢复先辈的荣光了。

西班牙舰队在亚速尔群岛大获全胜

公元1580年，随着葡萄牙本土被西班牙兼并，葡萄牙残余势力继续反抗西班牙国王腓力二世。一支拥有60艘战舰，以法国人为主，尼德兰、英格兰和葡萄牙等多国志愿者组成的联合舰队集结起来。

此时，印度、巴西等葡萄牙海外领地已经陆续归附了西班牙，只有亚速尔群岛中的7个岛屿拒绝归顺。亚速尔群岛位于西班牙的新大陆运宝船回程的必经之路上，位置非常重要。

公元1582年6月，西班牙海军派出舰队在亚速尔群岛附近打败了这支联合舰队，这场战役震惊了整个欧洲。

◉ 西班牙运宝船——壁画

西班牙运宝船又叫“盖伦”帆船，因被西班牙用作在大西洋中运输财宝、黄金而得名。其一般有4桅，前面两桅挂栏帆，后两桅挂三角帆。一般标准长度为46 ~ 55米，排水量300 ~ 1000吨，有几层统长甲板，舟尾楼很高。有较好的续航力，在很长时间内是世界上最大的海船。

◉ 亚速尔群岛上的堡垒

公元 1580—1640 年，亚速尔群岛与葡萄牙其他地方一样曾隶属西班牙，该群岛曾是西班牙运宝船队从西印度群岛返航途中的集结地，因而成为伊丽莎白一世统治下的英格兰与西班牙和葡萄牙之间海战的战场。

第四章 荷兰走上了独立发展的道路

西班牙在亚速尔群岛大获全胜后，使得葡萄牙的反对势力彻底瓦解，这时西班牙腾出精力继续处理尼德兰的问题，荷兰则走上了独立发展的道路。

英格兰助阵荷兰

英格兰出兵支援乌特勒支同盟

公元1585年，伊丽莎白一世与荷兰签订《楠萨奇条约》，同意提供人力、马匹支持荷兰对付西班牙。西班牙国王腓力二世将此视为英格兰对西班牙宣战。

公元1584年7月，帕尔马公爵亚历山大·法尔内塞率领军队占领了尼德兰的安贝雷斯，随即英格兰出兵支援乌特勒支同盟，成为尼德兰起义者们的保护者。

公元1585年，英格兰与荷兰签订《楠萨奇条约》，支持荷兰反抗西班牙帝国的统治。这个时期的英格兰正与西班牙在海上较量，所以帮助荷兰对抗西班牙，也是在扶持西班牙的对手。从此之后，英格兰和西班牙之间的战争也是此起彼伏，俗称英西战争（1585—1604年）。

◎ 英西战争之前的女王城堡

◉ 英西战争－萨默郡会议

英西战争（1585—1604年），指西班牙帝国与英格兰之间未经正式宣战的间歇性冲突。英西战争由多场大范围战役组成。

在海上，荷兰和英格兰的私掠船切断了西班牙通往尼德兰的海上通道，并使战火扩大到西非和加勒比海。

在陆地上，英格兰对西班牙新大陆的入侵，使得西班牙国王腓力二世面临新的威胁。

莱斯特伯爵接受了总督的称号

尽管拿骚的莫里斯接替其父奥兰治亲王威廉被选为新的领袖，但是乌特勒支同盟三级会议却反对世袭而坚决推行共和，并决定邀请英格兰国王伊丽莎白一世来接管尼德兰。伊丽莎白一世拒绝了乌特勒支同盟的邀请，但派出宠臣莱斯特伯爵罗伯特·达德利和一小支军队来到荷兰协助。罗伯特·达德利一到荷兰，就违背了伊丽莎白一世的意愿，接受了“尼德兰总督”的称号。

英格兰与西班牙为敌的原因

西班牙是15—16世纪的海上霸主，到16世纪下半叶，英格兰完成统一后也开始推行殖民扩张政策，两国间爆发了争夺海上霸权的激烈战争。西班牙拥有庞大的舰队，英格兰起初不敢正面交锋，遂采取海盗手段掠夺其财富，打击西班牙力量。

西班牙试图报复，组织暗杀英格兰女王伊丽莎白一世，扶植前苏格兰女王玛丽上台，但阴谋被伊丽莎白一世破获，公元1587年她处死了玛丽，同年，英格兰海盗公然袭击了西班牙本土港口，抢劫了西班牙国王的私人运宝船，西班牙因此决定征服英格兰。

罗伯特·达德利接受了总督的称号，那就意味着尼德兰与英格兰更亲近，随后，罗伯特·达德利想改革荷兰不完善的制度，整顿财政和海军。但是他很快与荷兰省议会闹僵，在经过一系列的斗争之后，罗伯特·达德利黯然离去。

◉ 弗雷德里克·亨德里克

弗雷德里克·亨德里克是奥兰治亲王威廉之子，是莫里斯的弟弟。

约翰·范·奥尔登巴内费尔特是荷兰共和国执政官之一，因和莫里斯政见不同，后来被莫里斯逮捕杀害。

奥兰治亲王莫里斯当选为荷兰省执政官

罗伯特·达德利走后不久，乌特勒支同盟三级会议决定放弃邀请外国君主成为荷兰之主的意愿，至此荷兰才走上了独立发展的道路。

公元1588年，年轻的奥兰治亲王莫里斯当选为荷兰省执政官，后来陆续被选为泽兰、乌特勒支、上阿尔瑟和海兰德兰等省的执政官。此后，莫里斯、弗雷德里克·亨德里克和约翰·范·奥尔登巴内费尔特组成荷兰共和国三人执政团，莫里斯成了荷兰共和国执政官之一，同时出任陆海军总司令，巩固了尼德兰北方各省的反西班牙力量。

年轻的执政官及他治下的10年

莫里斯曾在海德堡读书，后来又在莱顿学习，这位年轻的荷兰执政官在学习期间表现优异，曾得到了工程师、数学家西蒙·斯特芬的教导，在数学、弹道学和军事工程学上颇有造诣。

◉ 奥兰治亲王莫里斯

奥兰治亲王莫里斯又叫作拿骚的莫里斯，著名的军事改革家和将领，他重新在欧洲复活了职业军队。被公认为近代欧洲职业化军队的鼻祖。

军事改革：成为当时欧洲最现代化的军队

在莫里斯执政之初，荷兰没有常备军制度，要打仗的话只能靠临时征召的封臣或者雇佣兵。荷兰的军队主要组成是雇佣军和来自苏格兰、英格兰、法兰西的志愿军，因此荷兰各省要付出大量的金钱，才能保证这些军队在作战中发挥战斗力，而且这些雇佣军还存在短期、解散和轮换等问题。

为了解决荷兰军队的战斗力靠金钱刺激的问题，莫里斯进行了军事改革。

⊙ 中世纪雇佣兵

中世纪重骑兵和弓箭手的组合年薪为 40 英镑。重骑兵以及弓箭手获得的战利品 1/3 要上交；如果俘虏了敌方队长或首领后上交，俘获者可以获得一笔可观的赏金。每个重骑兵都需要有担保人，如果重骑兵违约，他们的担保人要支付 2 ~ 4 倍工资的违约金。

对军队进行改革

莫里斯首先推行长期服役制度，并且定期给军队发饷，严格军纪，从而稳定了军心，增强了战斗力。

其次是对步兵队形进行了改革。当时西班牙军队以团为战斗单位，莫里斯则将战斗单位缩小到连，并且对火枪兵的位置进行改变。改革之后的荷兰军队阵形，可以从各个角度灵活地攻击西班牙军队，即使在近战中仍能进行有效射击，杀伤敌人。

研究战略战术以应对攻城

莫里斯成为荷兰陆海军总司令之后，尼德兰地区还有很多城市被西班牙占领，为了夺回这些城市往往需要花费大量的时间。莫里斯通过研究以往的城市攻防战战例，发明和革新了许多战略战术，可以缩短攻城所需要的时间。

莫里斯改革后，连队的建制从以往的 150 人缩编到 80 人，包括 40 名滑膛枪步兵和 40 名长矛兵。

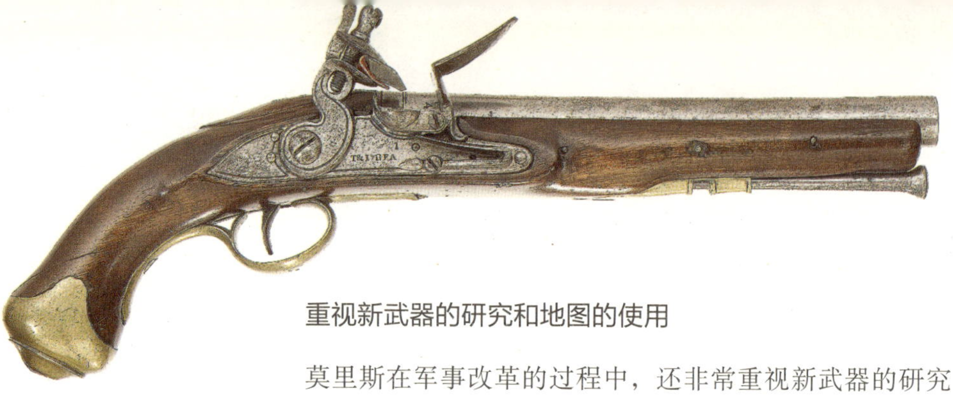

◉ 中世纪火枪（滑膛枪）

重视新武器的研究和地图的使用

莫里斯在军事改革的过程中，还非常重视新武器的研究和地图的使用。比如，毒气和炸弹在战场上开始使用，军用地图的绘制精准度越来越高，双筒望远镜成为侦察敌情的必备利器。这些做法都领先于同时代其他军事家。

莫里斯的军事改革最终使荷兰军队成为欧洲当时最现代化的军队，有力地保证了新生共和国的茁壮成长，为莫里斯在执政的最初10年的所向披靡奠定了基础。

◉ 1502年葡萄牙匿名大师绘制的世界地图

从15世纪末开始，欧洲人沿着海洋向全球不断扩张，其基本前提就是航海导航技术和地图的不断发展。

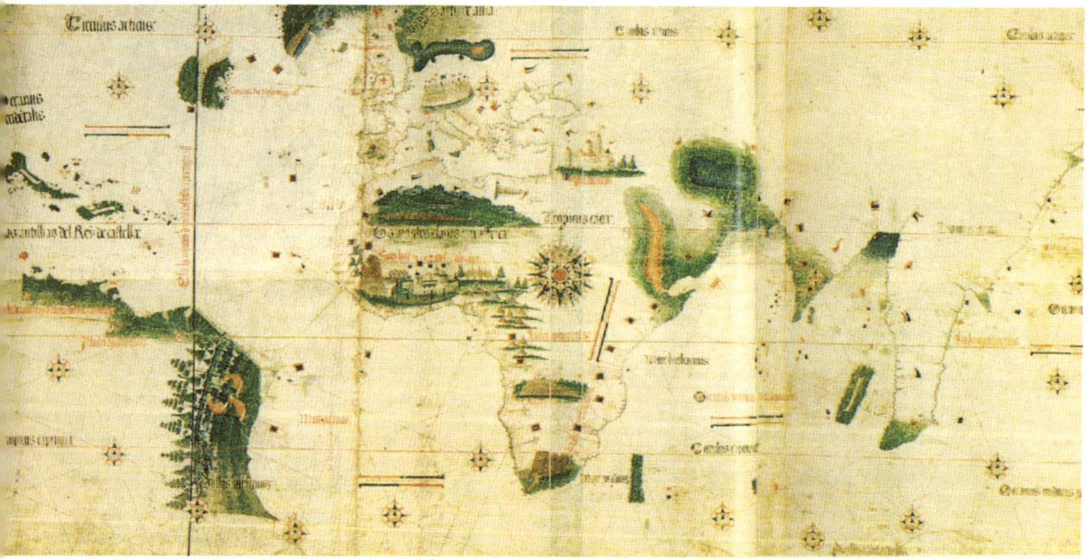

◉ 荷兰式望远镜—1624年版画

公元1624年，一幅绘有手持荷兰式望远镜“Dutchtelescope”的版画。欧洲人在中世纪中期就开始研究透镜，大约在公元1300年意大利就开始使用眼镜；公元1450年前后，透镜被用于制造矫正近视用的近视眼镜。荷兰人在制造透镜方面很有技巧。莫里斯更是将透镜设计成单筒望远镜，后来又做出了双筒望远镜，出于军事机密考量，莫里斯曾试图对望远镜进行技术封锁。但是这个技术没能封锁多久，就被伽利略学会，并且做了出来送给了威尼斯。

◉ 西班牙无敌舰队战舰

西班牙无敌舰队是西班牙 16 世纪晚期著名的海上舰队。无敌舰队是一支约有 150 艘以上的大战舰、3000 余门大炮、数以万计士兵的强大海上舰队，最盛时舰队有千余艘舰船。这支舰队横行于地中海和大西洋，骄傲地自称为“无敌舰队”。

辉煌的 10 年

荷兰在莫里斯统治下最辉煌的 10 年是公元 1588—1598 年的这段时间。在战场上，荷兰军队节节胜利，在北部和东部都使得共和国的领土有所扩张。尤其是公元 1591—1597 年期间，莫里斯凭借着高超的军事才能在当时的欧洲声名鹊起。

人们现在都还以伽利略的名字将物镜为凸透镜、目镜为凹透镜的望远镜命名为伽利略望远镜。

西班牙无敌舰队被英格兰歼灭，丧失了制海权

公元 1588 年，莫里斯开始统领荷兰共和国的陆海军。而此时英格兰海军和西班牙无敌舰队正在交战，当时西班牙的尼德兰总督法尔内塞在尼德兰组织了一支 2 万人的军队，准备渡海远征英格兰。但还没来得及出征，就传来了西班牙无

敌舰队被英格兰海军彻底击溃的消息。西班牙自此丧失了制海权。法尔内塞的远征计划泡汤。

公元 1589 年，法国宗教战争（第八次宗教战争期间）又起，腓力二世命令帕尔马公爵亚历山大·法尔内塞移兵法国，支援天主教的吉斯家族，阻止新教的纳瓦拉的亨利（后来的法王亨利四世）称王。因战事不顺，君主的多疑使得法尔内塞一病不起，公元 1592 年年底死于阿拉斯。

荷兰的威胁并没有解除，莫里斯选择主动出击

公元 1589 年，法尔内塞奉命调往法国参加法国宗教战争（第八次宗教战争期间），支持那里的天主教派，尼德兰境内的西班牙势力大减。这对莫里斯来说绝对是天赐良机。即便如此，对于新生的荷兰共和国来说，形势依然严峻，一方面西班牙军队对荷兰的威胁并没有解除，另一方面国内的叛乱时有发生。

原本有英格兰军队协助驻防的一些荷兰城市，如今落到了西班牙的手里，这对荷兰来说是一个严重的威胁。为了打破困局，莫里斯选择主动出击。

莫里斯势力的逐步壮大

公元 1590 年，莫里斯向西班牙军发动攻击，目标是被西班牙控制的尼德兰的布雷达。小城布雷达地势险要，易守难攻，但是莫里斯发现这座城市中运输泥炭的驳船并不受西班牙军队的检查，因此他命令士兵乔装打扮成泥炭驳船运输队混进

◉ 法国宗教战争 – 油画

◉ 布雷达大教堂

布雷达大教堂在历史上经历过被焚烧、重建、又破坏、再重建的过程，如今它依然挺立在布雷达的中心。教堂为典型哥特式建筑，内部设计精美，同荷兰北部的教堂风格有着较大的差别，更倾向于法国、比利时风格。

城中，里应外合拿下了布雷达。借助布雷达之战胜利之势，莫里斯又迅速攻下了斯海尔托亨博斯、海德尔和奥斯特豪特。随着莫里斯势力的逐步壮大，荷兰军队的战斗力也越来越强。

布雷达坐落于荷兰南部的北布拉班特省，在马克河和阿河的汇合处，是一个有着悠久历史的城市。

整个尼德兰北部完全纳入了共和国版图

公元 1591 年，莫里斯将目标对准了当年支援共和国的英格兰军队久攻不下的聚特芬，他同样采取里应外合的手段，仅用了 7 天就拿下该城。莫里斯的军队继续向北进发，仅用了 11 天就攻下了达文特。莫里斯的攻城战术效果显著，最终占领了奈梅亨。

接下来，莫里斯把目标对准了支持西班牙的尼德兰北部城市格罗宁根。

从大约16世纪开始，欧洲城堡的样式发生了变化，与之前的城堡相比，它们的外墙变得更加厚重，而外形则变得相对低矮。同时，这些城堡还配备了炮位，以便轰击成群结队的攻城者，后来还出现了更为复杂的棱堡，但即便如此，属于城堡的时代也渐渐远去了。

从公元1592年开始，莫里斯首先将目标对准了格罗宁根的外围城市，经过一系列战役，格罗宁根外围城市被扫清，格罗宁根暴露在了莫里斯的枪口之下。公元1594年7月，被围困两个月之久的格罗宁根选择投降，至此，整个尼德兰北部完全纳入了荷兰共和国版图之内。

莫里斯达到了10年中的军事巅峰

公元1594—1596年，随着北方诸省的稳固，莫里斯将目标转向了南方诸省。此时的莫里斯进一步深化军事改革，加强训练，荷兰军队日益强大。公元1597年，荷兰共和国军队和西班牙军队在图霍特展开激战。莫里斯率领的7000人打败了6000人的西班牙军队。西班牙军队有2000名官兵战死，500人被俘，而莫里斯的军队只有100人战死。莫里斯的军队取得了此次战役的重大胜利，这时的莫里斯也达到了10年中的军事巅峰。

纽波特之战

公元1600年，随着荷兰共和国军队一波波的胜利，在荷兰沿海仍有两个重要的港城依旧被西班牙控制着。这两个港城是荷兰共和国海洋贸易的咽喉所在，一个是敦刻尔克（现属法国），另一个是纽波特。西班牙凭借这两个港口，经常

◉ 敦刻尔克战役纪念墙

敦刻尔克是法国东北部靠近比利时边境的港口城市，城市名来自荷兰语，意为“沙丘上的教堂”。该地传统上使用荷兰语的西佛兰德斯方言。历史上的敦刻尔克多灾多难，曾遭到多次大的破坏。使其出名的并不是荷兰与西班牙的这一战，而是第二次世界大战中1940年发生的敦刻尔克战役和英法军队“敦刻尔克大撤退”，后者被称之为“敦刻尔克奇迹”。

对荷兰的航运进行封锁和破坏，拿下它们对荷兰共和国的海洋贸易无比重要，当然，困难也无须多言。

荷兰共和国的三人执政团经过激烈讨论之后，终于确定了一个进攻方案，由莫里斯率兵前往佛兰德斯沿海地带，目标直指敦刻尔克和纽波特。

莫里斯率领的军队包括 1.3 万名步兵、3000 名骑兵，还有 1300 艘战船组成的舰队，著名将领有拿骚的威廉·路易斯、路易斯·冈瑟和莫里斯的弟弟弗雷德里克·亨德里克。

公元 1600 年 6 月 21 日，莫里斯带兵渡过伊瑟河，准备于 7 月 1 日围攻纽波特。在围攻纽波特之前，莫里斯获悉西班牙的尼德兰新任总督阿尔布雷希特七世将于 7 月 2 日带领西班牙军队支援纽波特。

⊙ **雕像：战马上的阿尔布雷希特七世**

阿尔布雷希特七世（1559—1621 年），哈布斯堡王朝的奥地利首席大公，布拉班特公爵，低地国家的总督（1595 年起）和至高无上的统治者（1598 年起）。是神圣罗马帝国皇帝马克西米利安二世的第七子，生于维也纳的诺伊施塔特。西班牙国王腓力二世是其堂叔兼舅舅。

于是，莫里斯派遣了一支小部队，前去占领西班牙军队必经之路上的莱芬盖桥，以阻击西班牙军队支援纽波特。可惜这支荷兰军队被莱芬盖桥上的西班牙守军消灭。

就在莫里斯指挥荷兰海军将要攻下纽波特时，西班牙的援军在阿尔布雷希特七世带领下，通过了莱芬盖桥来到了纽波特。这支西班牙军队的到达，使得荷兰军队被迫后撤。危难之际，莫里斯下令预备队出击。

纽波特位于威尔士东南，布里斯托尔湾北岸，乌斯克河畔，靠近英格兰。纽波特整体以低地为主，甚少山脉，东、南部多为沼泽地。

◉ 纽波特之战－油画

八十年战争被西班牙帝国称之为低地国叛乱。战争发生于1568—1648年，是尼德兰联邦反抗西班牙帝国统治所展开的战争。与西班牙帝国不同，荷兰共和国所属尼德兰联邦本来较为松散，因为此战争，尼德兰联邦出现了前所未有的团结。

在猛烈炮火的支援下，荷兰军队击溃了西班牙军队。接下来，荷兰军队全面反攻，西班牙军队难以抵挡荷兰军队的攻势，四处逃散。

荷兰军队虽然取得了这场战役的胜利，但后方运输线仍受到西班牙军队的威胁，不得不放弃攻占纽波特的计划。

纽波特之战是八十年战争中颇具特色的战役，它是一场艰巨的攻坚战，尽管荷兰取得了胜利，但就整个战局而言则是一场惨败，因为它导致荷兰共和国在南部的进展戛然而止。

十二年的休战

八十年战争是近代史上新生力量战胜腐朽力量、弱国打败强国、小国打败大国的典型事例，是历史上第一次成功的资产阶级革命，这使得荷兰成为世界上第一个资产阶级掌握政权的国家。

打到如今，荷兰共和国与西班牙帝国的陆海军连绵不绝的战斗已经不可计数了，双方都筋疲力尽。

两起事件促成了休战

牢不可破的奥斯坦德城投降

荷兰共和国控制的城市越来越多，其中就包括奥斯坦德。

奥斯坦德周围布满了沼泽、沟渠和湖泊，并且具有强大的防御工事，它一度被认为是牢不可破的。

西班牙与荷兰之间战争不断，大部分时间都是荷兰军队在攻占西班牙控制的城市，而这次则不同。

尼德兰新任总督阿尔布雷希特七世在纽波特之战中虽然战败，但是就整个西班牙和荷兰的战局而言却是胜利的。这让其更有信心反扑。

公元1602年1月，阿尔布雷希特七世率约1万名西班牙步兵袭击了荷兰控制下的西佛兰德斯的奥斯坦德，没想到守城士兵们借助地理环境和防御工事，很轻松地就打败了来犯的西班牙军队，西班牙人遭受了沉重打击。

之后，西班牙的斯皮诺拉侯爵接替阿尔布雷希特七世，继续围攻奥斯坦德，他根据奥斯坦德的地形特点，命令部队在沼泽地里布置柴捆作为掩体，掩护部队进攻，并亲自带领将士冲锋，于公元1604年9月攻破了奥斯坦德，牢不可破的奥斯坦德城投降了。

这让荷兰人士气跌落，厌战情绪蔓延。

西班牙分舰队遭到严重损失

在海上，西班牙控制的区域一直遭到英格兰海盗骚扰，如今崛起的荷兰也在海上接连打击西班牙舰队，还渗入西班牙和葡萄牙的殖民地，开始形成一个对抗势力。

公元1595年，西班牙国王腓力二世任命阿尔布雷希特七世为尼德兰总督，并迫使他与自己美丽干练的长女伊莎贝拉·克莱拉·尤金尼亚公主结婚，婚后，腓力二世于公元1598年把尼德兰划成一个名义上独立的主权国家，由这对夫妇统治。

⊙ 斯皮诺拉侯爵

斯皮诺拉侯爵（1569—1630年），出身于意大利的城邦热那亚共和国一个显赫的家族，西班牙名将。在奥斯坦德围城战中，他证明自己的能力不亚于他的对手——当时著名的军事家、荷兰陆海军总司令奥兰治亲王莫里斯。1604年奥斯坦德被他攻陷，斯皮诺拉被任命为驻荷兰的西班牙军队总司令。

◉ 商品包装盒上的约翰·范·奥尔登巴内费尔特

约翰·范·奥尔登巴内费尔特，尼德兰联省共和国首相、大议长，杰出政治家。是继沉默的威廉之后的第二个荷兰独立之父。

他 29 岁步入政坛，在仕途上平步青云，积极促成了乌特勒支同盟的建立，并获得了荷兰独立之父威廉的首肯。公元 1586 年 3 月 16 日，他成了“荷兰土地拥护者”的议长，甚至一度总揽了荷兰的大小事务。

以奥尔登巴内费尔特为代表的一派认为连年战争消耗过大，应该休养生息，当西班牙提出和谈意向时，他积极促成了与西班牙正式达成《十二年休战协定》。虽然使尼德兰迎来了和平，但奥尔登巴内费尔特与莫里斯不和的种子却也就此埋下。

公元 1602 年，约翰·范·奥尔登巴内费尔特创立了荷兰东印度公司，并于公元 1607 年率领荷兰舰队袭击了直布罗陀港，使驻泊该港的一个西班牙分舰队遭到严重损失。西班牙在当年财政破产。

经过这两场战役，西班牙已经筋疲力尽，不得不坐在谈判桌前；而荷兰共和国民众对于持久的战争也产生了厌战情绪，于是就有了十二年的休战期。

这时，作为荷兰陆海军总司令的莫里斯并不主张停战，而是希望继续通过战争扩大控制区，但是无奈国内民众厌战情绪高涨。

双方各有让步，签订了《十二年休战协定》

公元 1608 年 2 月 7 日，双方在荷兰海牙的宾内堆夫宫正式举行谈判。

◉ 宾内堆夫宫

此外，法国、英格兰、丹麦王国、勃兰登堡和科隆选帝侯也派出了代表，在会谈期间，只有英格兰和法国代表坚持到了会谈结束。

这场和谈历经半年时间，到8月25日谈判结束，会谈期间，为了保护西班牙的利益，西班牙代表要求荷兰停止在赤道以南的所有海上贸易，这样的要求是荷兰所不能答应的，并且荷兰还拒绝了西班牙提出的天主教在荷兰共和国的传教问题，认为这是对荷兰共和国宗教自由和内政的干涉。最后在英、法两国代表的调解下，双方同意搁置分歧。

公元1609年4月9日，双方代表在安特卫普市政厅签署了休战协议，即有名的《十二年休战协定》，也叫《安特卫普条约》。

《十二年休战协定》的主要内容包括：哈布斯堡王朝同意在休战期间将荷兰联合省视为独立国家，但在行文表述上却

◎ 安特卫普市政厅

◎ 在安特卫普市政厅签订条约－刻板画

闪烁其词。在休战的十二年之内，双方自协定签署之日起在所控制的范围内行使主权，双方军队不得在对方领土上行动，释放战争期间扣押的人质，停止海上的劫掠活动。恢复正常贸易活动，无论哪一方的商人和海员都应得到对方的保护，英格兰商人和海员也享有此种权益。任何一方的居民都不会因为宗教信仰而被起诉，其他犯罪行为除外。荷兰同意结束对弗兰芒海岸的封锁，但拒绝允许对方在斯海尔德河上自由航行。

休战期间的荷兰经济发展

休战对于荷兰来说，最直接的好处是作为主权国家得到了欧洲国家的承认。为了纪念对荷兰独立的承认，约翰·范·奥尔登巴内费尔特专门设计了新的荷兰共和国徽章。

荷兰独立获得各国认可与支持

休战后不久，荷兰就在巴黎和伦敦获得了全面的大使级地位，还与威尼斯、摩洛哥和奥斯曼帝国建立了外交关系，并在许多主要港口设立了领事馆。

公元1609年，法国和英格兰签署了一项条约，以保障荷兰共和国的独立。曾经与腓力二世殊死为敌的英格兰女王伊丽莎白一世已经去世6年了，但是英格兰与西班牙为敌的政治策略却被传承了下来。公元1614年，荷兰和汉萨同盟签署了一项防御协议，旨在保护自己免受丹麦人的侵略。

⊙ 荷兰东印度公司的外墙壁画

海外殖民迅速扩张

军事上，荷兰的殖民扩张进一步展开，荷兰东印度公司在印度尼西亚的索洛岛上建立了据点，在印度尼西亚有了立足之地。在新大陆，荷兰进一步鼓励殖民。这一时期的荷兰海军和商业船队迅速扩

◎ 荷兰国徽

荷兰国徽上部是一顶红色貂皮华盖，如开启的幕布，下部嵌有一条写着威廉亲王的法语誓言“我将一如既往”(Je Maintiendrai!) 的蓝色饰带，两只跨立的金狮翘着尾巴，口吐红舌守护着一面蓝色盾徽。

张，特别是在地中海更是一帆风顺。虽然荷兰和美洲的贸易禁运已经结束，但是美洲的西班牙殖民者却自行颁布非正式的禁令，限制了荷兰与加拉加斯、亚马孙的贸易。

国内经济得到迅猛发展

当荷兰解除了对安特卫普、弗兰芒海岸的封锁后，各国商人纷纷来此贸易，使得弗兰芒的纺织业得到了迅猛发展；由于海外贸易的繁荣，代尔夫特成了有名的酿酒业中心，而莱顿、高达则成了纺织业的生产中心。

荷兰国徽的原型是奥兰治－拿骚王室的家徽。公元 1815 年荷兰王国成立时，王室家徽变成了荷兰国徽。

休战期间的荷兰国内局势

在休战期间，荷兰出现了两个对立的宗教派别——抗辩派和反抗辩派，这两个派别在宗教、政治上都有分歧。

荷兰国徽中间蓝色的盾徽顶部是威廉一世御玺上所用的王冠；盾徽中央绘有一只头戴王冠的金狮，右前肢挥舞着一把出鞘的利剑，左前肢挥动一束金色箭翎，它们象征着国王权力。蓝色盾面上布满金色的小长方块，这些小块来源于草地牧区的贵族对沃尔姆斯大主教的诉讼，为了庆祝胜诉和独立，贵族们便在纹徽上增加了这些长方形小块以象征自由。

两派不同的支持者

抗辩派的代表人物是神学家雅各布斯·阿米纽斯，这一派的观点吸引了荷兰省的富商，并且在富商们主导的省份深受欢迎，其主要支持者是三执政之一的奥尔登巴内费尔特和法学家格劳秀斯。而反抗辩派的代表是神学家弗朗西斯科·戈马鲁斯。这一派的主要支持者是工人阶层和尼德兰南部省的流亡者。

两派的对立在荷兰共和国各省蔓延开来，从而影响了各省的政治格局。公元1617年9月23日，荷兰陆海军总司令莫里斯公开支持反抗辩派。

◉ 格劳秀斯

格劳秀斯出生于荷兰，8岁就能流畅地运用拉丁文，11岁入读莱顿大学，15岁获博士学位，翌年获律师资格，曾做过莫里斯的军事律师，后来因为政见不同而加入了奥尔登巴内费尔特的阵营。

格劳秀斯首倡的“理性的自然法”，超越于各种政治利益和教派利益之上，统治者和臣民之间所订立的政治契约是在自然法之下的，接受自然法的调摄和管制，因此不仅成为现代世界的首要法则，也成了国家和国际秩序中所赖以稳固的目前最靠谱的一种法权基础。

抗辩派挑战了莫里斯的权威

两派的对峙和冲突逐渐进入白热化阶段。公元1617年8月4日，在奥尔登巴内费尔特的倡议下，荷兰通过了《尖锐决议》，决议指出：每个城市都允许有自己的民兵；禁止城市公民向最高法院和荷兰法院提起诉讼；每个城市或国家官员都有负责维护公共秩序的职责；荷兰军队有义务服从他们驻扎地各省或城市议会的命令。尤其是最后一条，直接挑战了莫里斯的权威。

抗辩派众人被判处死刑

针对《尖锐决议》，莫里斯迅速行动起来，并且获得了多个省的支持。公元1618年8月29日，莫里斯以叛国罪的名义逮捕了大议长奥尔登巴内费尔特和抗辩派的主要领导人。随后组成了24人的特别政治法庭对奥尔登巴内费尔特等进行审讯，在第二年的5月12日，抗辩派众人被判处死刑。奥尔登巴内费尔特以为他的盟友会为自己的死刑上诉，但是他们被吓破了胆，都保持了沉默。

随着奥尔登巴内费尔特的死亡，荷兰进入了一个全新时期，荷兰和西班牙最后的斗争开始了。

⊙ 反抗辩派的代表：弗朗西斯科・戈马鲁斯

⊙ 处死奥尔登巴内费尔特 – 刻板画

第五章

荷兰的手工制造业、造船业和航运业的崛起

成就霸权，仅仅靠武力和战争是不够的，荷兰的手工制造业、造船业和航运业在成就荷兰强国之路上同样不可小觑。

大约11世纪开始，人们开始把水力作为动力运用到纺织、冶金、金属制造、木材加工等手工业生产的各个行业，而荷兰在这一点上体现得最为明显。比如，如今在荷兰，我们随处可见的荷兰特色风车，它就是中世纪荷兰繁盛手工业的体现。

荷兰繁盛的手工制造业

随着中世纪城市的兴起，以及贸易的发展和技术的进步，一些拥有熟练技术的农奴纷纷逃出庄园，在交通便利而又比较安全的地方聚居下来从事手工制造业生产。以此为开端，独立的城市手工制造业在西欧各地发展起来。

公元1470年，法兰西商贾在英国伦敦举办了法兰西商品展销会。作为当时法兰西手工制造业最发达的地区，在11—15世纪，从尼德兰的佛兰德斯到意大利北部和德意志南部地区，一直都充当着“领头羊”的角色。这里的呢绒业、毛纺织业、

◉ 中世纪的纺织机器

在当时整个欧洲，机械设计方面不断取得进步：比如曲柄和复式曲柄被广泛运用于手工制造业生产的过程中；机械时钟的原理在14世纪时已被人们所掌握；效率较高的织布机和纺纱机被逐渐推广开来。
15世纪时，德意志人开始掌握活字印刷技术。16世纪后，西欧的手工制造业技术继续取得新的进步。

亚麻业、造船业和金属制造业都达到了很高的水平。

14—15世纪时期，尼德兰地区成为名噪一时的手工制造业工场，到了16世纪以后，这里迅速成为欧洲手工制造业最发达的地区。造船业规模巨大、分工精细；毛纺织业、亚麻业、陶瓷业、印刷业等都享有国际声誉。

扩展阅读：路易十一的功劳

自公元1461年法兰西国王查理七世去世，路易十一继位后，当时的法兰西王国大而不强，这位国王开始身着布衣闲步民间，与豪商巨贾一起，鼓励他们以法兰西商人雅克·柯尔为榜样，在欧洲打响法兰西制造的品牌。

◉ 中世纪冶金工作

◉ 法兰西国王路易十一

◉ 荷兰风车

世界上第一架风车就是荷兰人在公元1408年建造的，荷兰的风车最多时有1万多架，至今仍有上百架风车在继续转动，可见当初荷兰人的工业水平有多么的先进，仅凭风力就可以带动许多产业的发展。

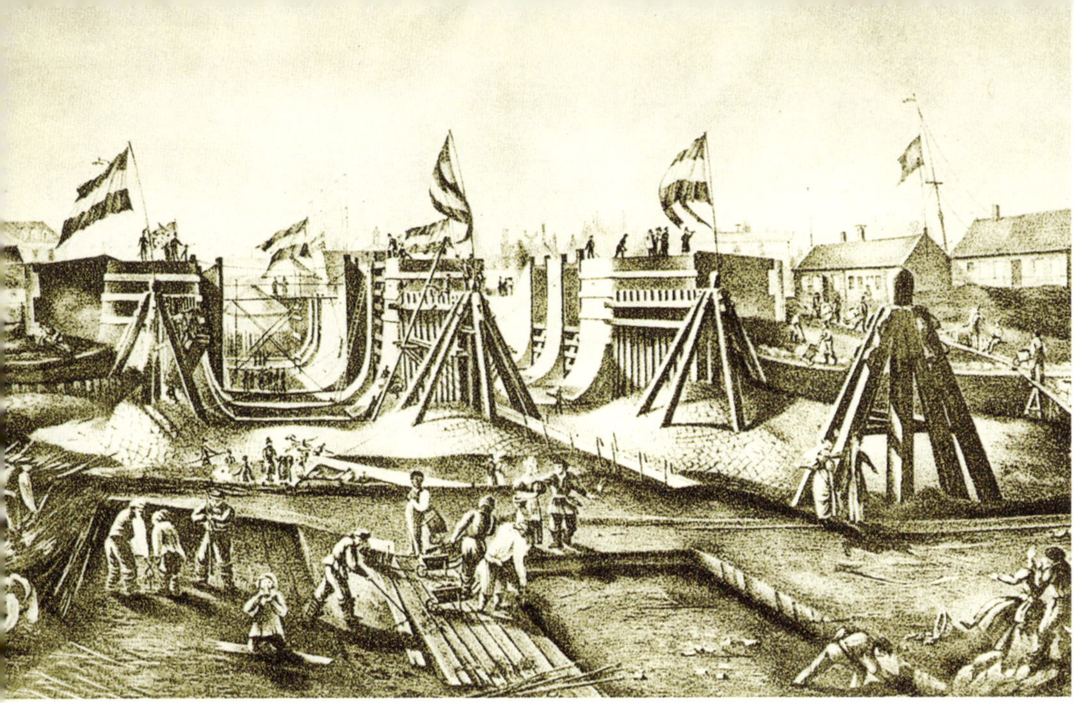

◉ 阿姆斯特丹造船工厂

17世纪一个濒临大西洋的小城拉罗歇尔，凡10吨以上的商船，包括大货船，皆为荷兰所造。而森林资源十分丰富的丹麦大约一半的商船都是从荷兰进口的。

在路易十一的牵头下，法兰西制造业发展迅猛：里昂的纺丝业、巴黎的造纸印刷业等都处于欧洲领先的地位。

路易十一为了促进贸易往来，还修建了连通全国的道路体系，我国有句俗话“要想富，先修路”，完整的道路体系不仅使城市往来方便，还使当时的法兰西以更廉价的商品，打开了国际市场的大门。

这个时期的尼德兰地区也随着法兰西大赚了一笔。

荷兰很早便向威尼斯、西班牙乃至马耳他等出口船只，而威尼斯、西班牙等传统海上强国进口荷兰船只，意味着荷兰造船业水平已经达到欧洲领先水平。

◉ 荷兰船只——“巴达维亚”号

精明的荷兰商人改造货船

16 世纪后半叶，荷兰的造船业居世界首位。当时，仅在首都阿姆斯特丹就有上百家造船厂，全国可以同时建造几百艘船，并且分工精细。荷兰的造船技术是当时世界上最强的，而且船的造价比当时居第二位的英格兰还要低。

尽管荷兰船队规模庞大，但荷兰仍有降低造船成本的迫切要求和巨大动力。除了在船型设计上的优势，荷兰人在造船工业上的竞争力绝非仅建立在廉价的材料上。在保证性能和质量的前提下，荷兰船厂采取一切可行措施降低成本，提高运营效率。

17 世纪时的一位英国人伏尔诺在目睹阿姆斯特丹的造船工厂后说：当地船料仓库缆绳、铁锚、船帆、索轮等部件一应俱全，一旦船体建成，船只经几小时装配后即可下水。

荷兰造船业凭借着精良的装备、专业化的设计理念大大节约了造船的单位劳动时间，提供了大批质高价廉的船只，不但为荷兰海上事业提供了先进的装备和工具，船只本身也成为荷兰对外出口的王牌产品，荷兰制造的海船甚至打入了传统航海强国的船舶市场。

运输生活用品，必须将成本控制到极致

荷兰独立初期，东方和美洲的奢侈品贸易被西班牙、葡萄牙、威尼斯等国垄断，使其难以涉足，荷兰只得另辟蹊径，集中全力从事波罗的海—北海的转口贸易，而这一地区主要的贸易商品大多为日用消费品和工业原材料，如普鲁士谷物、俄罗斯毛皮、蜂蜜和蜂蜡，以及英国羊毛、北欧木材、法兰西食盐和酒类，这类大宗消费品贸易数量巨大，但单位利润低。

若要从中赢得利润，必须尽可能地降低运输成本，最大限度地提高运营效率。而荷兰人之所以能赚到更多的利润，就是从改造货船开始的。

◉ 等待上船的水手

荷兰每名水手平均可以承担 20 吨的货物运输，是波罗的海—北海贸易的传统霸主汉萨同盟的 2 倍，是同时期英格兰的 3 倍。

加莱船

只装货，不载武器

精明的荷兰商人为了与实力强大的英格兰商人竞争货物运输市场，拆除了货船上用于防止海盗袭击的武器装备，这样一来，商船的货物运输量增加了，而船身造价仅为英格兰船只的一半，货物的运费也随之降低，为荷兰商人的商船货运赢得了更广泛的市场。依靠造价低廉的货船，荷兰商人成功击败了英格兰商人，开启了荷兰人的航海时代。

但是，对于商船来说，拆除掉武器也意味着将面临更大的风险。不过在荷兰人眼中，与利益相比，生命变得不重要了。巨大的财富诱使荷兰人超越生死的界限，将荷兰国旗飘扬在世界的各个角落。

中国大帆船

创造了一种商业运行模式

荷兰人还创造了一种商业运行模式，他们建立了第一个联合股份公司——荷兰联合东印度公司，用于开拓前往美洲与东方的航线，成千上万的荷兰普通百姓出于对财富的渴望，都乐于将自己毕生的积蓄投入到有巨大风险的商业活动中。

福禄特商船

欧洲当时的货船要么是加莱船，要么就是来自中国的大帆船，但是由于装载武器的关系，甲

荷兰福禄特商船模型

在荷兰人所使用的船只中最有代表性的就是福禄特商船，福禄特商船是由荷兰人为了平衡装载量与躲避关税所设计改良而成，平均重200~300吨，平均长24.4米。这种船制造成本低，可以大量制造。另外，福禄特商船与其他专门用来运输的商船不同，如果在有海盗出没的海域航行，福禄特商船还可以搭载12~15门加农炮，这些火力虽然无法对抗正规海军舰队，但是对付零散的海盗船只绰绰有余。

板都做得非常宽敞。在核算每一艘船只到底需要交多少关税时，一些中亚的港口就以甲板的宽度来计算关税的多少。精明的荷兰人就改造了现有的货船，将其肚子做大，甲板缩小，这样可以少交税，而且还能够多装货，这种船就是荷兰著名的福禄特商船。

福禄特商船从荷兰开始使用之后，凭借其良好的技工和算计到极致的设计，这种货船很快便被许多欧洲国家的商人们喜欢，纷纷到荷兰来订购。

福禄特商船在16世纪得到了很好的发展，到了17世纪成了荷兰最常用的船只之一，福禄特商船为荷兰的海上贸易做出了巨大的贡献，是17世纪荷兰海运帝国崛起的重大因素之一。

◉ 福禄特商船

荷兰海运商人的航运成本比英格兰、苏格兰和法兰西低1/3~1/2。因此，荷兰在17世纪垄断波罗的海—北海贸易的秘诀是建立在低成本、高效率的海上运输之上。

与当时同吨位的英格兰船只相比，荷兰商船每吨价4镑10先令运费，比英格兰船每吨价便宜2镑16先令运费。

同样是制造商船，法兰西人多用栎木为原料，配以铁钉销接，成本很高。荷兰的大货船由于专业化的设计，有些专门运输的商船直接使用木钉销接，与法兰西船相比，船身虽大一倍，而造价却低一半。

荷兰的造船技术堪称一流，例如法国的“圣路易斯”号（1626年建于荷兰，作为法国海军新发展的范例）、瑞典的“瓦桑”号（1627年建造）都采用了荷兰的造船工艺，俄国、德国和丹麦同样也使用了荷兰的技术。

采用质轻的松木建造货船

荷兰出于经营波罗的海—北海大宗消费品贸易的专门需要，商船的设计制造向专业化发展。大货船全部采用质轻

◉ 荷兰豆

大约12 000年前，沿着泰国—缅甸的边境地带，最早开始栽培这种豆，17世纪，荷兰人凭借强大的海上舰队，从世界各地带来各种舶来品来到中国，于是当地居民开始称之为“荷兰豆”。有趣的是“荷兰豆”在荷兰却叫“中国豆”。

的松木建造，便于在水位较浅的波罗的海航行，并且基本不装载武器，这样，武器弹药和武装人员的空间全部节省下来，大大提高了货船的载重量和航行速度。同时，由于货船主要用于近程航行，不负担海战任务。

良好的政治环境保障

贸易的发展需要和平的政治环境，荷兰不像威尼斯需要到处去结交朋友，从而为其良好的贸易环境打下基础。

由于当时荷兰周旋、依附在法兰西和英格兰这样的大国身边，同时在政治上由一帮商人在“当家做主”，这个对财富充满渴望的商人阶级，为荷兰经济发展注入了强心剂。

在治国上，荷兰人也将保卫国家与捍卫民族利益画上等号，没有什么大国利益。哪里侵犯了荷兰人的民族利益，哪里就有荷兰人的反抗。

利益高于一切的民族理念

荷兰人利益高于一切的民族理念可以从一个故事中得到印证：公元 1656 年，荷兰使团到达北京，在拜访清朝顺治皇帝、面对三拜九叩的大礼时，荷兰人毫不犹豫

◉ 顺治皇帝

爱新觉罗・福临（1638—1661 年），清世祖，清朝第三位皇帝，也是清军入关以来的第一位皇帝，年号“顺治”。

地答应了。事实上，直到18世纪，还没有一位欧洲国家的外交官能痛快地答应这种看来是“莫大侮辱”的礼节。当时顺治皇帝高兴地接见了荷兰使团，并赏给他们大量的礼物，其中包括大量的中国瓷器。

事后，荷兰使团中有人在日记中写下了接受跪拜规定的原因：“……我们没有必要为了所谓的尊严而放弃巨大的利益。”

◉ 荷兰馆藏中国瓷器

阿姆斯特丹成为世界贸易的中心

阿姆斯特丹是荷兰最大城市，也是欧洲第四大航空港（另三个航空港为伦敦、巴黎、法兰克福），有着无与伦比的艺术特质：它有着不输于威尼斯的水道航运系统和凡·高的博物馆；保藏着迦山钻石、犹太女孩安妮的故居；是孩子的天堂，到处都有梦幻的郁金香和童话般的风车与木鞋。

从小渔村到大海港

阿姆斯特丹的历史最早可以追溯到13世纪时的小渔村。

这里最早的居民乘着由挖空的原木做成的船，从阿姆斯特尔河顺流而下，开始在阿姆斯特尔河的入海口附近定居，并在河周围的沼泽湿地之外修建了堤坝。阿姆斯特丹得名于阿姆斯特尔河上建筑的水坝，其原来的名字为“Amstelredam”，意指“阿姆斯特尔水坝”。

阿姆斯特丹于公元1300年（一说公

◉ 荷兰木鞋

木鞋是荷兰最具民族特色的工艺品，是荷兰民族风俗文化的缩影。如今已少有人穿了，成了荷兰的国粹，游客的纪念品。

荷兰濒临北海，地势低平，是“低地之国”。欧洲许多大河经荷兰入海，又受全年湿润的温带海洋性气候影响，几乎一半的土地浸泡在水中。正是这样的地理条件，促使荷兰人在500多年前发明了木鞋。

◉ 阿姆斯特尔水坝上的纪念碑

元 1306 年）被正式授予城市资格，当时约有 1000 人居住在阿姆斯特丹。从 14 世纪起，阿姆斯特丹开始蓬勃发展，这主要归功于与汉萨同盟的贸易。公元 1345 年，阿姆斯特丹的卡尔弗街成了市民朝圣的地方，直到新教成了荷兰的国教。

进入 16 世纪，阿姆斯特丹已经发展成为一个繁忙的港口，并伴随着荷兰独立战争的胜利而逐渐繁荣起来。

成就世界贸易中心

伴随着地理大发现，以往神秘、黑暗的大海成为欧洲人崭新的广阔舞台。海洋成为欧洲经济扩张的新边疆，因为海洋既是欧洲各国互通有无的贸易桥梁，也是通往富饶的海外殖民地的必经路途，还是蕴藏极其丰富资源的宝藏。所以许多西欧人开始从阿姆斯特丹的港口出航，驶向黑海、红海、大西洋以及更遥远的东方。

◉ 阿姆斯特丹刚建立时的模样－插画

此外，这里还驻留有大片的手工制造业工厂及来往交易的商人，进入 17 世纪之后，随着资本运作的加入，阿姆斯特丹成了世界资本市场的中心。

“阿姆斯特丹”这个词最早于公元 1275 年 10 月 27 日被记录在册。史料将最早居住在大坝周边的居民叫作“homines manentes apud Amestelledamme”。到了公元 1327 年，这个名称演化为“Aemsterdam”。

扩展阅读：井然有序的荷兰运河

运河，根据字面含义，可以理解为承载运输功能的河道。就像我国的京杭大运河，虽是人工开凿，但承载了黄河流域经济发展的重要功能。在荷兰国内也有着数不清的、大大小小的运河，当然，他们的运河承载着的不仅仅是经济发展的任务，还是改造居住环境的刚需，这一点和威尼斯的运河功能十分相似。

阿姆斯特丹 – 油画

17 世纪时期，为了促进阿姆斯特丹市中心周围地区的发展，荷兰人修建了运河，用于水资源管理、交通运输及防御。他们从抽水造田开始，着手修建运河。运河既是旅游景点，也是灌溉排水工具。闻名遐迩的阿姆斯特丹运河辅助道路、承担交通任务，这源于出色的城市规划，以保证荷兰人生活在水面以上。阿姆斯特丹现今的运河已发展成连接 100 多座岛屿、由 160 多条运河、1281 座桥梁构成的 75 千米长的运河网，因此也被称为“北方的威尼斯”。城市的布局就像一把打开的扇子，扇柄朝北，即中心火车站。5 条主要运河均呈同心圆一样，以中心火车站为圆心，一圈一圈地向外扩张。俯瞰阿姆斯特丹，其运河就像一张蜘蛛网，与陆地井然有序地相互交织着。

◉ 手帕上的阿姆斯特丹运河地图

像蜘蛛网状的阿姆斯特丹运河被绘制在手帕上作为旅游纪念品，这足可见荷兰人的生意头脑。

第六章
鲱鱼与荷兰

在你争我夺的年代，荷兰无法依靠强大的武力征服和殖民外邦，但是聪明勤劳的荷兰人靠智慧寻找到一条依赖鲱鱼捕捞、贸易搭建而成的商业贩卖路线，走上了海洋强国之路。

面朝北海为荷兰带来的优势

荷兰地处欧洲，面朝北海，由于海洋洋流的变化规律，每年夏天都有大批鲱鱼洄游到荷兰北部的沿海区域，荷兰人每年可以从北海中捕获超过1000万千克的鲱鱼。

人类食用鲱鱼的历史可以追溯到公元前3000年，北欧人最早食用。苏格兰人是早期的食鲱大户，他们早在7世纪就建立了加工鲱鱼的工厂，荷兰人则是他们最初的海外客户。

小小的鲱鱼养活了1/5的荷兰人

荷兰常有大洪水，可用的耕地少之又少，所以荷兰人只得将目光转向大海，荷兰紧挨着的大西洋水域被称为北海，由于冷暖水流的交汇，北海地区的渔业资源非常丰富，这其中就包括大西洋鲱鱼，这种鱼数量惊人，而且喜欢抱团取暖，

⊙ 鲱鱼群

◉ 鲱鱼

小小鲱鱼

鲱鱼亦称青鱼，头小，体呈流线型。是冷水性中上层鱼类，平时栖息在较深海域，但在洄游时期会游在大洋表面。

鲱鱼是成群游动的，可以说它是世界上产量最大的一种鱼。雌鱼产卵、雄鱼排精。它们产卵前在海岸附近水深 8 米左右的地方游弋 1 ~ 2 天后，便进入海藻丛生的浅水处进行生殖。

有经验的捕鱼者能够根据岸边水的颜色、海水的动向和窜动的鱼群所溅起的特殊水花以及天空中大群海鸟的盘旋和鸣叫声，准确地判断出大鱼群的来临。

在水中经常能发现几百万条鲱鱼组成的庞大鱼群，是掠食鱼类和海鸟、海洋哺乳动物的重要食物来源。鲱鱼也成了荷兰渔民唾手可得的财富。

在 14 世纪时，荷兰的人口不足 100 万人，当时约有 20 万人从事捕鱼业，小小的鲱鱼为 1/5 的荷兰人提供了生计。

鲱鱼引发的战争

海里的鲱鱼是一种自然资源，并非荷兰人独有，生活在北海边的其他民族也有捕捞鲱鱼的权利，于是为了争夺鲱鱼资源，荷兰和苏格兰之间曾爆发过三次战争。

公元 1429 年 2 月 12 日，一支英格兰补给队向萨福克的军队运送补给，正好与一支增援奥尔良的法兰西和苏格兰的联军遭遇。法兰西和苏格兰的联军实力大大优于英格兰补给队。

在无法逃脱法、苏联军打击的情况下，英格兰领队约翰·法斯托尔夫爵士将装满咸鲱鱼的车排成车队形成掩体，然后躲在掩体内，命长弓手射出漫天箭雨，冲锋的法兰西人和苏格兰人纷纷倒地。在大量杀伤敌人后，英军骑兵上马反攻，法、苏联军仓皇逃遁。

这场战斗因此被称为“鲱鱼之战”，这也是英格兰长弓手在英法百年战争中最后的辉煌。

◉《莎士比亚》中的福斯塔夫剧照

鲱鱼之战 4 个月后，约翰·法斯托尔夫在帕提战役中败给了圣女贞德，被当时的人们公认为是战场上的逃兵，也成了《莎士比亚》中福斯塔夫的原型人物之一。

鲱鱼之战过后不久，英格兰就陷入了玫瑰战争中不能自拔。即使如此，英格兰依然不放弃用武力争夺渔业资源。

世界历史上除了鲱鱼战争外，还有有名的鳕鱼战争。这是发生在 1958—1976 年冰岛与英国之间的渔业冲突，时间跨度近 20 年。

◉ 墙砖上的鲱鱼图案

鲱鱼在荷兰是一种文化，深得人们的喜爱，在荷兰以及欧洲很多国家随处可见鲱鱼图案的工艺品以及雕刻等。

鲱鱼量充足却不宜保存

鲱鱼量足又好捕捞，但当时没有保鲜技术，传统的肉类保存方式是干制，肉和奶可以做成肉干、奶酪，甚至鳕鱼这样的大鱼也可以晒成鱼干，可鲱鱼只有巴掌那么大，晾晒之后变成了小鱼干，作为小咸菜或者喂猫尚可，拿来供人温饱的话显然不太尽如人意。

鲱鱼还有洄游习惯，夏季时它们会洄游到欧洲西海岸，过了季就会向北海腹地洄游。当然，渔船可以跟随鱼群捕捞，但是如果距离港口太远，除了会遇到海盗或者恶劣天气的风险，捕捞上来的鱼还可能会没等运回港口就腐败变质。

捕捞鲱鱼是荷兰人赖以养家的生计，但鲱鱼不易保存，这使得靠捕鱼为生的荷兰人生活拮据。

为了解决这个问题，荷兰人巴尔克斯通过研究发现，鲱鱼的腐烂总是从鱼头或者内脏开始的，那么是不是去掉内脏和鱼头，再用盐腌制，鲱鱼就可以慢点腐烂了呢？抱着试试看的想法，巴尔克斯拿起了身边的小刀……这个不起眼的小小改良，居然真的产生了显著的效果。去掉鱼头和内脏的鲱鱼，再用粗盐腌制，就可以保存几个月。

◉ 腌制的鲱鱼

⊙ 巴尔克斯拿着小刀杀鲱鱼

巴尔克斯一刀

随着不断地尝试，巴尔克斯又进行了多项改进：使用不同的食盐比例，使鱼可以腌得长久；使用精盐来腌制，改善腌鱼的口感品质；改进处理鱼的刀法，最大化地简化流程。

到了公元 1386 年，巴尔克斯已经总结出了一套规范化的流程——他可以一刀去掉鱼头和鱼肚，把鱼放进以 1：20 的比例调配的浓盐水，装入木桶封存，处理后的鲱鱼竟可以保存 1 年之久！

攻克了腐烂这一难关，荷兰渔民可以放心地在北海腹地捕捞鲱鱼，起网之后，渔民们就站在甲板上开始加工，一个熟练的水手每小时可以处理 2000 条鱼，而满载而归之后，又可以把桶装鲱鱼运到内陆甚至其他国家销售。

鲱鱼在荷兰是大众美食，在今天荷兰的任何一个水产市场都能看到一群荷兰人围着一个杀鱼师傅的摊，新鲜的鲱鱼一条条摆上案台，杀鱼师傅用一把小刀三下五除二就把鱼头、鱼刺和内脏掏出来了……这是一种沁入荷兰人骨髓的杀鱼方式。

提升技术难度的改进

如此简单的手法就解决了腐烂问题，这样的方法不仅荷兰人可以用，其他国家的人也可以用。荷兰人明白：大家都有的优势那就不是优势，要想保持优势，就必须持续提高技术门槛。

降低成本：渔业与资本的广泛结合

因为当时鲱鱼很便宜，而渔船是很贵的，而且处理鲱鱼所用的食盐也价格不菲，制作木桶的木料需要从北欧进口，对于其他国家的渔民来说，需要捕捞许多年才能用鲱鱼赚出一条新渔船。荷兰政府就将渔民与投资者甚至普通的市民组织在一起，大家集资购买渔船和耗材，然后通过捕鱼赚取分红，购买渔船已经不是渔民的事，而渔民也逐渐从船主转变为雇员，这使得荷兰渔船数量暴增，最多的时候达到了1500艘，比欧洲其他国家所有渔船加起来都要多。

⊙ 海报：吃鲱鱼的荷兰人

海报中一位身着荷兰传统服装的女孩抓住一条鱼的尾巴，仰起头，正往嘴里送。这被视为吃鲱鱼最标准的姿势。

提高效率：专业领域的细化分工

普通渔船可以远海捕捞6~8周，直到渔船装满后再回港，虽然这种效率比以前已有很大的改进，但是荷兰人仍然觉得不够，于是他们利用渔船去捕鱼，用快船将装满鲱鱼的鱼桶运送回港，这就是典型的细化分工，除了提高效率还能保证鲱鱼的新鲜程度。

⊙ 鲱鱼罐头

如今鲱鱼更是被制作成各种美食，比如罐头等销往世界各地。

◉ 荷兰奶制品

荷兰除了有鲱鱼资源，还有丰富的奶牛资源，荷兰生产的奶酪品种繁多，而且芳香甘醇、沁人心脾。

除此之外，荷兰渔民在处理鲱鱼时会刻意留下一部分胃，依靠残留的消化酶让鲱鱼的味道变得更加鲜美。不仅如此，他们还将腌制鲱鱼的精盐做了改进，使腌制后的鲱鱼不至于那么苦涩，就连装鲱鱼的木桶都使用橡木，提升了木桶的密封程度，使荷兰鲱鱼的品质有了很大提升。

改造适合远洋作业的捕捞船

15 世纪时，波罗的海的鲱鱼群迁徙至北海，为北海沿岸国家发展大渔业提供了得天独厚的资源，荷兰渔民和船主在其高度发达的造船业的支持下，按照近代资本主义经济组织的原则，率先发展起大规模远洋渔业。

◉ 小船捕捞鲱鱼

当时一艘 70 吨渔船的造价在 1000 英镑左右，而 1 拉斯特（大概相当于 1.8 吨）鲱鱼的毛价不过 10 英镑，除去人员和船只损耗，利润稀薄。

荷兰渔民和船主为了适应远洋捕鱼作业的方便和效率，将船身宽大的大货船改造成了流动的鲱鱼加工工场。他们在大货船上采用大型拖网，渔汛时捕鱼可以大大提高产量，然后利用大货船宽敞的空间，在船上加工鲱鱼并腌制装桶，完全实现了工厂式流水作业。

据当时的估算，剖鱼工每人每小时能剔除约2000条鱼的内脏，每分钟达到33条之多。

这样就保证了荷兰鲱鱼的品质和市场竞争力。

旗帜日

每到捕捞鲱鱼的季节来临，荷兰人就会将船装饰一新，插上旗帜，准备出发，亲人们穿上节日的盛装，载歌载舞，欢送渔民们出海捕鲱，期待着早日满载而归。人们把这种仪式叫作“旗帜日”，最早叫作“船只日”，它的传统要追溯到公元14世纪，源于前面提到的那些浩浩荡荡的捕鲱船队。从18世纪开始，演变成“旗帜日”，最初只是在弗拉丁，后来推广到其他城市，不过最为有名的还是斯海弗宁的“旗帜日”。

根据统计，公元1500年，波兰王国的但泽地区进口的鲱鱼有50%是荷兰人销售的，到了公元1660年，波罗的海地区进口的鲱鱼有82%是荷兰人销售的。

◉ 鲱鱼捕捞船

荷兰、波罗的海地区和伊比利亚半岛形成了三角贸易。鲱鱼让荷兰有机会融入并在波罗的海—地中海贸易中发挥主导作用。从某种意义上来说，荷兰用鲱鱼架设起连接波罗的海和地中海的贸易的桥梁。

鲱鱼贸易带动的跨国贸易

借助鲱鱼，荷兰人开始了商旅生涯，如今在鹿特丹的一些古老的房屋上，仍可以见到鲱鱼的图案，这些并不醒目的标志似乎在提醒人们：荷兰的海洋贸易历史就是从小小的鲱鱼开始的。

荷兰鲱鱼的市场占有率非常高

从 15 世纪末开始，荷兰的商船队就开始往返于北海与波罗的海之间，其运输的商品就是桶装的鲱鱼。由于产量惊人，荷兰鲱鱼的市场占有率非常高。

荷兰鲱鱼还成功打进了法兰西和英格兰市场。更为有趣的是，法兰西和英格兰的渔民也捕捞鲱鱼，但是因为产量少、口味差，本国老百姓根本不买账，就是要买荷兰鲱鱼，荷兰人干脆有恃无恐地提了价。本来英、法两国渔民的捕捞成本就比荷兰高，结果卖得还要比荷兰鲱鱼便宜，里外里一算，荷兰人的利润非常高。

◉ 百姓菜篮子中的鲱鱼

除了大规模的鲱鱼捕捞业以外，荷兰人在巴伦支海、斯匹次卑尔根群岛的捕鲸作业和在冰岛海域的捕鳕作业，地位虽然没有鲱鱼捕捞业那么重要，但仍然是荷兰大渔业的重要组成部分，同样给荷兰带来了大量的财富。

从鲱鱼渔夫到欧洲“海上马车夫”

15 世纪末期的地理大发现，给欧洲带来了前所未有的商业模式，也为荷兰提供了成就海洋帝国的历史机遇。

如果说葡萄牙和西班牙靠的是暴力和掠夺发展贸易，那么荷兰缺少强大的王权和充足的人力，只能依靠竞争技巧和商业体制累积财富。有着贸易眼光的荷兰人在贩卖鲱鱼的过程中发现了贸易链。他们发现，波罗的海地区的谷物产量颇丰，而南欧地区的谷物却总不够吃。

于是荷兰商船先从荷兰运送鲱鱼到波罗的海地区，然后从波罗的海地区运输谷物到南欧，又从南欧运输食盐到荷兰，食盐用来加工鲱鱼后又运输到波罗的海地区贩卖，这样，本来简单的荷兰到波罗的海地区的单向贸易，变成了遍布欧洲的关联贸易。

波罗的海地区的地主通过谷物出口赚了大钱，就格外依赖荷兰商船，于是纷纷抢着预定商船档期，甚至到后来干脆承担了商船从波罗的海地区到南欧的往返运费，这对于荷兰人来说又省下了一大笔钱，荷兰人的利润又提高了。

于是，荷兰仅仅用了300年，就完成了从鲱鱼渔夫到欧洲“海上马车夫”的华丽变身，荷兰也从一个吃不饱饭的低地小国，一跃成为横跨四海的商业强国，走出了一条极具特色的大国崛起之路。

◉ 吃鲱鱼的人－海牙雕塑

荷兰国会在公元1624年7月19日的一份文件中郑重宣称：鲱鱼捕捞业是荷兰联省共和国最大的行业和最好的金矿。

当时许多外国人纷纷涌入荷兰想要赚大钱，有传闻俄国舰队停靠荷兰的时候，许多乘员偷偷离舰加入荷兰渔船的船员队伍中。

公元1575年，荷兰5个最重要的渔业城市布里尔、鹿特丹、斯希丹、德尔夫特和恩克霍伊曾在奥兰治亲王的支持下成立“大渔业委员会”，制定了渔业法规，规定了鲱鱼捕捞时间、腌制用盐标准、鱼桶的尺寸和木质以及每桶鲱鱼重量。只有符合标准的渔船方能获得许可证并下海经营。

◉ 斯大林

J·伯纳德·赫顿在《斯大林》一书中描述苏军统帅斯大林每餐必喝伏特加和必吃腌鲱鱼：“首先，喝干一杯约8勺（一勺等于1%升）的伏特加，接着吃伴有生洋葱碎的咸鲱鱼，然后再喝伏特加……”

第七章 荷兰著名的探险家

荷兰除了拥有发达的造船业、捕鱼业、手工制造业，还拥有一群用生命冒险、为国家开拓新的贸易路线的探险家。

巴伦支误把斯匹次卑尔根群岛认为是格陵兰的一部分，最后几乎到达了北极圈，是完成这一壮举的第一个欧洲人。

探险英雄巴伦支：为荷兰商人赢得了宝贵的信誉

巴伦支全名为威廉·巴伦支，出生于公元 1550 年，是一位荷兰探险家、航海家。他生活在荷兰拥有海上霸权、被称为“海上马车夫”的时代。在阿姆斯特丹商会的支持下，巴伦支一生致力于开拓通过北冰洋的欧亚东北航道。

巴伦支试图开辟到亚洲的新航线

16 世纪末，巴伦支为了避开激烈的海上贸易竞争，试图从荷兰往北开辟一条新的到亚洲的航行路线。

巴伦支作为一名船长参与了公元 1594 年 6 月的远征航行，一个月后来到新地岛海域。在这里，巴伦支与

◉ 威廉·巴伦支雕像

威廉·巴伦支（1550—1597 年），荷兰探险家、航海家。

◉ 威廉·巴伦支在北极冰层中航行

这是公元 1598 年对巴伦支航行进行描述的彩色木刻。

船队分手，他沿着该岛西岸向北航行，直到 7 月底。关于巴伦支抵达该岛最北端以及越过北纬 77° 的猜测并没有留下可靠的证据。后来，巴伦支途经瓦加奇岛，于 9 月 16 日成功地回到阿姆斯特丹。

这次远征激起了荷兰议会的兴趣，公元 1595 年，荷兰议会出面派遣了一支远征队，其目的是找到新航道。6 月 18 日，7 艘帆船从阿姆斯特丹出发，绕过斯堪的纳维亚半岛，到达瓦加奇岛，但是逆风和浮冰使他们无法通过喀拉海，只好打道回府。

◉ 威廉·巴伦支纪念硬币

探险北极圈，为荷兰商人赢得了信誉

公元 1596 年 5 月 10 日，在阿姆斯特丹商会的支持下，巴伦支指挥着 3 艘船又开始了第三次探险。这次他大胆地设想：通过北极前往

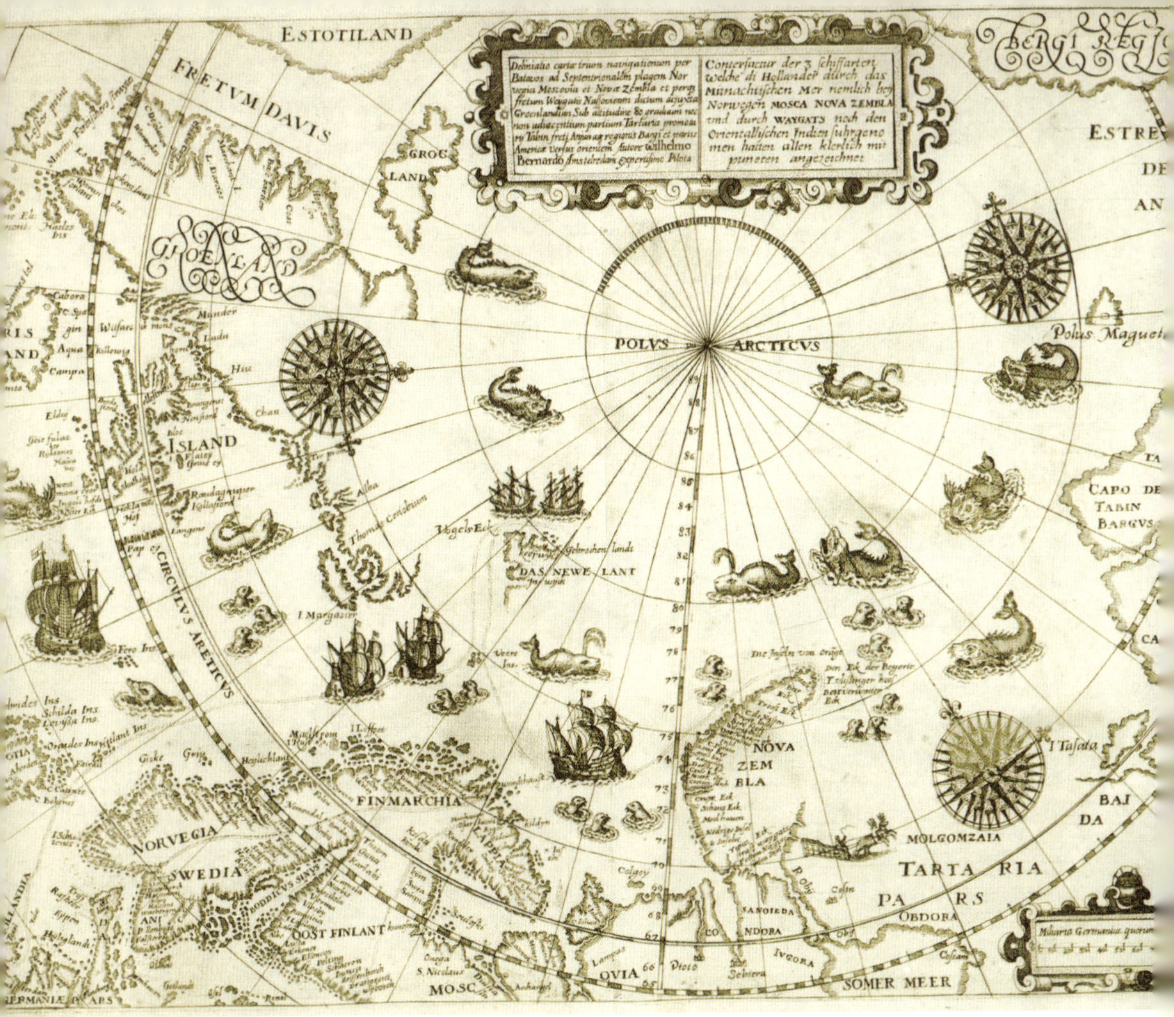

◉ 巴伦支船长所使用的地图

◉ 巴伦支船长搁置船处的纪念碑

东亚。他朝正北航行，一个月后发现了熊岛。6 月 19 日，水手们再次看到了陆地（斯匹次卑尔根群岛），沿着其西侧航行，直到北纬 79° 30′ 。

在熊岛附近，3 艘船被浮冰分开，巴伦支在寻找另外两艘船时航行到新地岛，船不幸困于海面的浮冰里，想退已来不及了，只能找个岛靠岸（三文雅岛）。迎接他们的是接踵而来的各种恶劣天气。北极圈是地球上最寒冷的区域之一，三文雅岛上常年覆盖着 10 ～ 12 英尺厚的雪，厚厚的积雪被 −40℃ ～ −50℃的严寒冻结。

巴伦支船长和 17 名荷兰水手为了御寒，拆掉了船上的甲板做燃料，靠打猎来勉强维持生存。在这样极端恶劣的环境中，有 8 个人死去了。但巴伦支船长在死亡的威胁下，丝毫未动船上别人委托运载的货物，而这些货物中就有可以挽救他们生命的衣物和药品。8个月后，幸存的巴伦支船长和9名荷兰水手通过了一段冰海，在新地岛南端遇到了俄罗斯人，幸运地获救。巴伦支在返回荷兰的航程中去世，但他们的船队终于把货物完好无损地带回荷兰，送到了委托人手中。巴伦支船长和船员们的诚信震动了欧洲，也为荷兰商人赢得了宝贵的信誉。

位于挪威与俄罗斯北方、为北冰洋的陆缘海之一的巴伦支海，其名字就取自于在该海域病逝的荷兰航海家威廉·巴伦支。

17世纪的时候，荷兰几乎垄断了欧洲的海运贸易，其势力几乎延伸到了地球的每一个角落，成为世界的经济中心。荷兰的崛起和繁荣很大程度上得益于巴伦支船长和17名荷兰水手，是他们用生命为代价，坚守诚信，为荷兰商人创造了传之后世不朽的经商法则，也为荷兰赢得了海运贸易的世界市场。

东印度群岛（亦称香料群岛）是公元15世纪前后欧洲国家对东南亚盛产香料的岛屿的泛名。它说明了当时欧洲人对东方香料的渴求，也是导致大航海时代（地理大发现）到来的一个直接原因。

商人霍特曼用生命换来的巨额利润

在八十年战争如火如荼地进行的同时，荷兰的商人们始终努力进行着自己的商业贸易，这里先从商人霍特曼开始说起。霍特曼全名为科内利斯·德·霍特曼，他出生于公元1540年，当时的荷兰还处于西班牙的统治之下。

在大航海时代到来之前，火炮虽然已经装上了军舰，但尚未发挥主要作用。直至新航路发现之后，远洋贸易为各个海洋大国带来了巨额利润，同时也加剧了在大洋上的争斗。对海洋的控制也就是对财富的控制。地中海的三桅划桨帆船因为适航性太差，无法在大洋海战中发挥作用；老式的帆舰及当时其他船舶艏楼与艉楼过高，在大西洋上极易招风，使船在逆风时不易操纵。之后各国都纷纷改进新的能适应大洋航行的船只。

◉ 麦哲伦

麦哲伦（全名费迪南德·麦哲伦，1480—1521年），探险家、航海家、殖民者，葡萄牙人，为西班牙政府效力探险。公元1519—1522年9月率领船队完成环球航行，也是人类首次环球航行。

◉ 意大利的天主教耶稣会传教士利玛窦

最先和我国开展茶叶贸易的是阿拉伯人，他们通过航海贸易将茶叶带到了欧洲。到了 16 世纪末期，我国的茶叶在欧洲已经是遍地开花。其中传教士利玛窦和加帕斯・克路士等编撰的书籍中关于中国茶叶的介绍使得茶叶在欧洲普及，功不可没。

万丹省位于爪哇岛最西部，隔巽他海峡与苏门答腊岛相望。

◉ 茶叶

茶叶在欧洲最初不是被当作饮料，而是被视为药物放在药店出售。茶价相当昂贵，如公元 1684 年阿姆斯特丹每磅茶叶的价格高达 80 荷盾，一般人是消费不起的。

公元 1729 年，荷兰东印度公司开辟了对华直接贸易，他们从中国广州收购的茶叶，回到荷兰就可以 2 ~ 3 倍的价格出售，更不要说卖往其他国家的价格了。

霍特曼东方寻香

公元 1595 年，霍特曼率领第一支荷兰远征东方的船队到达印度尼西亚的万丹省，从阿拉伯人手上买到了中国的茶叶，之后，荷兰商人纷纷组织公司，掀起东方贸易热，仅仅公元 1598 年就有 5 支船队共 22 艘船到达亚洲，从而揭开了中国与欧洲茶叶贸易的序幕。

葡萄牙人控制着香料贸易

欧洲的香料贸易最早是被威尼斯商人垄断的，威尼斯商人通过地中海贸易航线垄断了从东方输往欧洲的香料生意。后来随着地理大发现，以及葡萄牙的崛起，特别是达・伽马发现了印度航线，葡萄牙就逐渐控制了东方输往欧洲的香料

来源，荷兰和英国只能从葡萄牙首都买到香料。葡萄牙商人利欲熏心，香料的价格越来越高。荷兰和英国的商人只好忍痛按照葡萄牙商人给出的价格付钱。这种情况持续了许多年。

到了公元 1580 年，葡萄牙因为王位继承出现空缺，被西班牙趁机兼并，香料贸易也被西班牙控制。而当时荷兰正在与西班牙作战，所以荷兰商人即使出了高价，也无法从西班牙买到香料了。

荷兰人扬·哈伊根·范·林斯霍滕在担任葡萄牙果阿总督秘书的时候，掌握了葡萄牙人关于亚洲贸易和航海的重要信息，并将之写成一本书出版发行，最关键的是他在书中提供了关于水流、岛屿、深海、沙洲等航海信息的真实数据，为荷兰人开拓香料贸易航线提供了保证。

荷兰人千辛万苦来到了香料群岛

荷兰人决心找到香料产地，不受西班牙控制。荷兰政府也鼓励商人们开辟东方航线，并承诺提供武装保护。公元 1594 年，荷兰人终于从葡萄牙人那里得到了通往东印度群岛的航海图等重要文件，荷兰商人欣喜若狂。第二年春天，霍特曼带着荷兰商人的期望，率领 4 艘帆船向东印度群岛出发。

霍特曼虽然有了航海图，但毕竟对航路不熟悉，一路上耽搁了许多时日，用了近 14 个月的时间，荷兰武装商船队才打破葡萄牙、西班牙的封锁，绕过好望角，抵达印度。

公元 1596 年 6 月，霍特曼又到达了苏门答腊岛东南的一个大岛——爪哇岛和摩鹿加群岛。

林斯霍滕（1563—1611 年），出生于荷兰西部的哈勒姆，经多年漂泊动荡的生活之后，他跟着果阿大主教来到东方世界，公元 1595 年通过绘画和记录出版了一本《东印度行记》，公元 1596 年又出版了《林斯霍滕的葡属东印度航海旅行记》，公元 1597 年再次出版了《大西洋的特征及沿岸描述》，书中包含了很多关于印度航路的航行指导和详细说明，还有远至中国和日本地区的情况介绍，这些知识对于荷兰人来说弥足珍贵。这些图书对所涉及地区的地理状况做了详细的讲解，附有大量的地图，其精致和准确度在当时来说是空前的，具有巨大的实用价值。此后的一个世纪中，它们成为荷兰人必备的航海指南。

⊙ 爪哇岛神庙

◎ 东印度群岛荷属殖民地硬币

露出了强盗本性，收获不多，但是却打通了东印度航线

荷兰船队来到爪哇岛西部的万丹港外，在港外抢劫了两条爪哇帆船。荷兰人上岸后，只要是他们看中的货品，不管对方卖不卖，只付很少的钱就强行拿走了，当地人看这伙人强行购买香料，于是纷纷撤摊逃走了，因此他们买到的香料不多。后来，当地居民集体反抗，霍特曼一行只能逃回船上。

公元 1596 年荷兰船只首次访问爪哇，荷兰东印度公司迅速在沿海建立若干贸易港口，并在巴达维亚（雅加达）市设立总部。该市于公元 1619 年被荷兰控制。从公元 17 世纪 70 年代起，荷兰东印度公司开始宣称控制了爪哇的各个伊斯兰王国。

公元 1568 年，淡目国的属国万丹统治者哈沙努丁，趁淡目苏丹去世后国内发生动乱之机宣布独立，从此摆脱淡目的控制，建立万丹港埠王国。淡目是爪哇岛上最早的苏丹国。

◎ 传统的爪哇帆船

◉ 霍特曼

从 17 世纪 20 年代开始，万丹人民为反抗荷兰殖民者的入侵进行了不屈不挠的斗争。荷兰殖民者利用统治阶级的内部矛盾，支持亲荷的苏丹哈齐吉打败苏丹阿贡，于公元 1684 年迫使前者签订割让部分土地和限制贸易等的第一个屈辱条约。

霍特曼率领4艘帆船继续向东航行。由于他们的海盗行为，爪哇岛各港口都不欢迎他们，所以荷兰人收获的香料并不多，加上船员们开始厌倦了长时间的海上航行，起来造反，他只好返航，于公元 1597 年回到荷兰。

霍特曼带回的香料不多，获得的利润很少。但是，荷兰人去往东印度群岛的航线已被打通。

万丹崛起成为一个独立的港埠王国后，在 17 世纪时成为东南亚地区胡椒生产与交易的重要贸易中心。当时，万丹港口商舶辐辏，来自中国、西亚、马来半岛、香料群岛以及欧洲的商贾齐聚在万丹交易。在这些商人当中，中国商人最多，而且是最为活跃的一个群体。

苏丹为了表示感谢，送给他们 4 船香料

公元 1598 年，荷兰又派霍特曼率领一支远航队前往东印度群岛。这一回，霍特曼吸取了上次失败的教训，没有使用强盗手段去获取香料。

这时，葡萄牙、西班牙正好在攻打万丹，霍特曼趁机帮助万丹的苏丹击退了他们。苏丹为了表示感谢，送给他们 4 船香料。霍特曼的这次航行获得了 400% 的纯利。从此，许多荷兰商船争着开往东印度群岛。

公元 1599 年，霍特曼再一次扬帆起航探险，与东印度群岛土著发生冲突，被土著刺杀。

⊙ 雅各布·科内利松·范·内克

以霍特曼为代表的荷兰探险家，以生命为代价，为商人们开拓新航线、寻找新资源的行为，为本国的经济注入了新的能量，同时也为之后的荷兰经济腾飞插上了翱翔的翅膀。

荷兰人雅各布与毛里求斯

在公元 1598 年霍特曼率领的前往东印度群岛的远航队中，其中一支是由雅各布·科内利松·范·内克率领的舰队。

以毛里求斯为补给站

雅各布绕行好望角航线时，在印度洋西南方发现了一个南北长 61 千米、东西宽 47 千米的火山岛，就以当时的荷兰执政官莫里斯之名，将其命名为毛里求斯，并将这里建成荷兰舰队的补给站。

以毛里求斯为补给站，使得雅各布成功地从另一条海路抵达了万丹。

⊙ 灭绝了的渡渡鸟

葡萄牙人在 16 世纪初发现毛里求斯时，见到一种前所未见的新品种雀鸟，并将其命名为渡渡鸟，意即“呆子”。到了公元 1681 年，岛上已不见渡渡鸟的踪影，渡渡鸟在被人类首次发现之后不过 200 年时间，就从地球上消失了，堪称是除恐龙之外最著名的已灭绝动物之一，也是毛里求斯唯一被定为国鸟的已灭绝鸟类。

雅各布赚得盆满钵满

公元1600年，为了获得更多的贸易权利，雅各布和安汶岛的当地人结成联盟，共同对抗葡萄牙人，以换取荷兰人购买香料的唯一权利。

在当地人的帮助下，葡萄牙人在安汶岛上的堡垒被雅各布攻下，荷兰人实现了对安汶岛的控制。

在公元1505年以前，毛里求斯还是荒无人烟。当葡萄牙人登上该岛的时候，只见蝙蝠飞舞，于是起名“蝙蝠岛”。公元1598年，荷兰人来到这里，以执政官莫里斯的名字将岛命名为“毛里求斯”。荷兰人统治了这里100多年。公元1715年，法兰西人占领了毛里求斯岛，改称它为“法兰西岛”。

◉ 毛里求斯古庙

毛里求斯的风俗与中国传统崇拜神灵大同小异，祭祀祖先、烧香拜佛、清明扫墓等活动在该岛十分普遍。膜拜的神灵中又以“关帝庙”的香火最为鼎盛。这里的客家人可以是佛教徒，同时又是天主教徒。

复活节岛是位于南太平洋东部的一座小石头岛。

公元1722年4月5日，荷兰西印度公司的探险家雅各布·罗格文，率领由3艘舰船组成的太平洋探险队在波利尼西亚群岛上发现了一座100多平方千米的小岛，岛上住着2000多名土著，当地人称此岛为拉帕努伊岛。

这个小岛是个火山岛，岛上没有任何高大树木，也没有什么奇珍异宝，只有茂密的草地，荷兰人对此地并没有什么兴趣，只是为了证明荷兰人又收纳了一处新的属地。因罗格文登岛这天正好是复活节，故将此岛命名为复活节岛，意思是“我主复活了的土地”。

这是个凶险的地方，像西兰省那样贫瘠

新西兰是太平洋西南部的岛国，位于南极洲、塔斯曼海和澳大利亚之间，有“世界边缘的国家”之称。

公元1642年，亚伯·塔斯曼在航行中遇到了骇人的风暴，为了躲避风暴，他登上了太平洋西南部的一座岛，与岛上的土著毛利人发生冲突，因此，他把新西兰描绘成可怕而凶险的地方，像荷兰的西兰省那样贫瘠，所以他给此地取名新西兰。由于他的描述导致这片土地一直未被荷兰人重视，直到后来英国的库克船长来到这里，他为该岛绘制了海图，这才吸引了大量的捕鱼人、传教士、商人、移民者的到来。

亚伯·塔斯曼(1603—1659年)，荷兰探险家、航海家、商人。17世纪30年代受雇于荷兰东印度公司，在巴达维亚至摩鹿加群岛的航线上服务，他于公元1642年和1644年进行了两次成功的远航，发现了塔斯马尼亚岛、新西兰、汤加和斐济。塔斯曼的名字被列入最伟大航海家之列，塔斯马尼亚岛和塔斯曼海都以他的名字命名。

公元1636年，雅各布又夺取了葡萄牙人控制的爪哇岛上的索罗堡，这使得荷兰人又掌握了檀香的贸易。

这一次航行让雅各布赚得盆满钵满，并在爪哇岛建立了贸易货栈。之后雅各布的舰队与荷兰大西洋舰队合并，完成了荷兰人的首次环球航行。

◉ 复活节岛石像

复活节岛堪称是世界上最神秘的地方，众所周知的就是岛上的石像，它带给人们许多谜团，同时也是岛上一道亮丽的风景线。

第八章

《十二年休战协定》到期前后

荷兰共和国曾经的议会领袖奥尔登巴内费尔特被莫里斯捕杀后，以他为代表的荷兰保守派的力量大大削弱了，而以莫里斯为代表的一派完全掌握了荷兰共和国的政局，本来对于休战就持反对意见的莫里斯，开始蠢蠢欲动地重新组织力量。

西班牙经济封锁，荷兰放眼世界

中世纪后期，神圣罗马帝国日趋没落，内部诸侯林立，纷争不断，宗教改革运动之后，又导致天主教和新教的尖锐对立，于是在公元1618--1648年爆发了一场“宗教战争”，这是一场将欧洲主要国家纷纷卷入德意志内战的大规模国际战争，又称三十年战争。

欧洲三十年战争

三十年战争是由神圣罗马帝国的内战演变而成的一次大规模的欧洲国家混战，也是历史上第一次全欧洲大战。这场战争是欧洲各国争夺利益、树立霸权的矛盾以及宗教纠纷激化的产物。战争以哈布斯堡王朝战败并签订《威斯特伐利亚和约》而告结束。

布拉格“掷出窗外事件”

波希米亚于公元1526年并入神圣罗马帝国，自那时起，

◉ 马丁 · 路德

马丁 • 路德（1483—1546 年），16 世纪欧洲宗教改革倡导者，基督教新教路德宗创始人。

波希米亚国王由神圣罗马帝国皇帝兼任。同时，自公元 1517 年德意志的马丁•路德推行宗教改革以来，新教就广泛传播于欧洲，大量波希米亚民众接受了新教信仰。

波希米亚民众不堪忍受迫害

公元 1617 年，神圣罗马帝国皇帝马蒂亚斯意图在波希米亚复兴天主教，派遣耶稣会教士进入波希米亚，并任命狂热的天主教徒、哈布斯堡皇室的斐迪南大公为波希米亚国王，他上任后，禁止了所有新教徒的宗教活动，拆毁他们的教堂，对波希米亚的新教徒进行大规模的迫害。

波希米亚民众不堪忍受迫害，公元 1618 年 5 月 23 日，首都布拉格的新教徒冲进王宫，将神圣罗马帝国皇帝的两名钦差从窗口投入壕沟，发动了起义，随即起义军一路杀至哈布斯堡首府维也纳附近。公元 1619 年，成立了由 30 位成员组成的临时政府，腓特烈五世（弗雷德里克五世）被选为波希米亚国王，宣布波希米亚独立，这就是历史上著名的“掷出窗外事件”。

◉ 发生在布拉格的“掷出窗外事件”

◉ 维也纳哈布斯堡家族双头鹰标识

双方均找到了支持者

事发突然，神圣罗马帝国皇帝马蒂亚斯一边假意与新教起义军和谈，一边派使者向天主教同盟求助，不久，天主教同盟出兵2.5万人并赞助神圣罗马帝国皇帝大量金钱。起义军被逼退回波希米亚，此后，波希米亚到处活动，寻求支持。

荷兰积极响应了波希米亚新教起义军的求援，虽然英格兰对荷兰支持波希米亚提出过警告，限制荷兰执政官莫里斯过多地参与这场战争中。基于神圣罗马帝国与西班牙同属哈布斯堡家族，荷兰与西班牙之间的仇视，莫里斯给波希米亚新教起义军提供了大量的金钱和武器，用于对付神圣罗马帝国。从这个角度来说，荷兰在推动三十年战争中发挥了重要作用。

◉ 腓特烈五世雕像

腓特烈五世是加尔文宗信徒（新教徒）。他积极参与德意志新教诸侯的活动，并在诸侯们形成的新教联盟中取得了显赫的位置。公元1619年，腓特烈五世被推举为波希米亚国王。

17世纪以后，哈布斯堡王朝统治下的德意志皇权日益衰弱，各邦诸侯割据称雄。法兰西为称霸欧洲，力图使德意志保持分裂状态，支持新教诸侯反抗皇权；丹麦、瑞典早已觊觎北海和波罗的海的德意志领土和港湾；荷兰和英格兰则不愿帝国势力在北欧扩张，英格兰还企图削弱西班牙的势力。这些国家都支持新教联盟。

◉ 波希米亚地毯

“波希米亚风格”和地理上的波希米亚二者之间的关系并不大。“波希米亚风格”为Bohemian的音译，原意指豪放的吉卜赛人和颓废派的文化人在浪迹天涯的旅途中形成了自己的生活哲学。如今的“波希米亚风格”不仅象征着流苏、褶皱、大摆裙的流行服饰，更成为自由洒脱、热情奔放的代名词。

莫里斯希望波希米亚与西班牙对抗的企图破灭了

此时荷兰内部并不太平，在大议长奥尔登巴内费尔特被杀后，荷兰内部支持奥尔登巴内费尔特的省份和城市蠢蠢欲动，莫里斯不得不派重兵驻屯，以防出现内乱。

波希米亚曾经南临奥地利，西抵巴伐利亚，北接萨克森和卢萨蒂亚，东北与西里西亚为邻，并与东部的摩拉维亚接壤，是古代中欧时期的国家。

西班牙与荷兰都加入三十年战争中

原本西班牙就是哈布斯堡家族阵营的，加上与荷兰之间存在敌意，而如今荷兰在国内不稳定的状况下支持波希米亚新教起义军对抗哈布斯堡家族，这对西班牙来说是个绝好的打击荷兰的机会。于是在荷兰答应支持波希米亚时，西班牙毫不犹豫地参与了进来，之前签订的《十二年休战协定》成了表面约定。因此，波希米亚战争很快就演化成了西班牙和荷兰之间的代理战争，双方虽然没有发生直接战斗，但是各自支持着对方的对手参与战争之中。

⊙ 中世纪波希米亚地图

波希米亚在中世纪时是一片富饶之地。

◎ 白山战役－油画

波希米亚新教起义军失败

荷兰支持波希米亚新教起义军还有一个意图，就是借新教起义军共同打击西班牙。

不过，在公元 1620 年的白山战役中，波希米亚的新教起义军损失惨重（这支军队中有 1/8 的人是荷兰雇佣军）。白山战役后，波希米亚国王腓特烈五世逃到了荷兰海牙，莫里斯希望波希米亚与西班牙对抗的企图破灭了。

波希米亚最早建立于公元 1 世纪末，曾在古籍中称为 Boihaemum。到了罗马时代，是早期叫波伊人的聚居地。

《十二年休战协定》到期前后

欧洲的三十年战争还在继续，在西班牙与荷兰《十二年休战协定》到期前夕，即公元 1620—1621 年之间，莫里斯和西班牙就继续休战问题开始接触。西班牙要求荷兰撤出东印度群岛和西印度群岛，取消对安特卫普的封锁，容许天主教在荷兰自由传教。荷兰要求实利，而西班牙则要求领地，双方意见存在分歧，均未做出让步，最终休战问题未能达成一致。

三十年战争过后，波希米亚一直被哈布斯堡王朝统治，但仍然保持为一个独立的王国，拥有自己的政府。直至公元 1743 年，波希米亚成为哈布斯堡－洛林皇朝统治下的一个行省。

西班牙国王腓力三世死后，西班牙帝国遭受着来自其他欧洲强国的各个方面的强大压力，最显著的是荷兰人，他们与亚洲巩固贸易往来，而且还开始对巴西的军事和商业进行渗透。

◉ 苏格兰、英格兰及爱尔兰国王：詹姆斯一世

英国国王詹姆斯一世介入三十年战争的时候，莫里斯积极主动地帮助英国运输士兵和武器，并派出骑兵沿路护送。

荷兰与西班牙十二年休战结束，八十年战争再次打响

就在荷兰与西班牙针锋相对的时候，西班牙国王腓力三世突然死了，继位的是年仅 16 岁的腓力四世，王权的动荡加上西班牙国内的经济形势堪忧，不允许他再继续放任荷兰。

此时荷兰的经济发展良好，大量的西班牙白银流入荷兰。同时荷兰对安特卫普的持续封锁（主要是对斯海尔德河的封锁）让这座城市的重要性下降。十二年休战为荷兰提供了稳定的发展机会，大量的财富促使荷兰海军规模不断扩大。这一切都是西班牙不希望看到的。

西班牙开始向荷兰发动进攻

公元1621年4月，十二年休战期满之后，西班牙政府迫不及待地将所有的荷兰船只驱逐出西班牙港口，对荷兰实行严格的禁运。

接着，西班牙佛兰德斯军队总司令斯宾诺拉奉命开始对荷兰发动进攻。公元1622年，经过5个月的围攻，斯宾诺拉占领了自公元1614年以来一直被荷兰人驻守的于利希，接着又占领了布拉班特的斯滕贝根，并向周边进军。

公元1622年7月18日，斯宾诺拉率军围攻荷兰城市贝亨欧普佐姆，但西班牙军队付出了惨重代价，18 000名士兵因为疾病而丧失战斗力，3个月后斯宾诺拉不得不解除了对该城的包围。

◎ 西班牙佛兰德斯军队总司令斯宾诺拉

西班牙开始对荷兰发动经济战

经过围攻贝亨欧普佐姆这一战，西班牙政府认识到围攻壁垒森严的荷兰城市纯粹是浪费时间和金钱，故而决定此后完全依靠经济战。

◎ 中世纪贝亨欧普佐姆的市场－油画

荷兰海军护航舰船

随着西班牙针对荷兰的经济战的规模不断扩大，荷兰的压力骤然增大。

在海上，西班牙海军开始不断骚扰荷兰商船，荷兰商船要通过直布罗陀海峡前往意大利和黎凡特，只能依靠海军保驾护航，而海军的护航费用则需要商人以缴纳特殊税的形式承担。商人的支出越来越高，因此他们的海上贸易的竞争力逐渐降低。西班牙海军在荷兰海域开始频繁活动，虽然其力量不足以挑战荷兰海军的优势，但是对荷兰的鲱鱼捕捞业产生了严重影响。

荷兰海军又称荷兰皇家海军，成立时间可以追溯到公元 1488 年 1 月 8 日，是由神圣罗马帝国皇帝马克西米利安一世颁布的“海洋法规”而起。

荷兰贸易经济遭受重创，但并没有完全陷入瘫痪

鲱鱼贸易是荷兰经济的重要支柱，而保存鲱鱼需要大量的食盐，这些食盐来自葡萄牙和加勒比岛，即使是替代品也来自法兰西，而且法兰西的食盐含镁量高，并不太适合鲱鱼的存储。

印花税首创于荷兰。16 世纪初，荷兰摆脱了西班牙的统治，由于与西班牙战争期间财政支出巨大、府库空虚而加征的一个税种。

西班牙针对此颁布了食盐禁令，切断了帝国势力范围内对荷兰食盐的出口。对此，荷兰只能依靠汉萨同盟和英国船

只进行运输。

这种变通方法给了荷兰一定的喘息机会，西班牙很快发现了问题。

公元 1624 年，西班牙设立了北方国家海军部，主要执行对中立国货物和荷兰货物的检查，合格品将给予通行证，而对于违禁品则直接被西班牙港口没收。

这个禁令不仅影响了阿姆斯特丹港的贸易，也间接影响到了荷兰与波罗的海的贸易活动，而且还致使西班牙和葡萄牙的出口严重萎缩。

西班牙的经济战使荷兰商人损失惨重，改变了当时欧洲的贸易格局，受益最大的是中立国。不过，尽管如此，荷兰的经济并没有完全陷入瘫痪，其中重要的原因是荷兰东印度公司和荷兰西印度公司在这一时期发展迅速，弥补了因经济战带来的经济困难。

禁运除了打击了荷兰商人，同时也沉重打击了西班牙商人以及其他欧洲商人，甚至在一段时间内，因荷兰粮食贸易的切断，严重影响了意大利那不勒斯的粮食供应。

公元 1625 年颁布禁令后，西班牙对荷兰内陆的商业运输进行封锁，荷兰列日和德国的过境贸易被限制，荷兰生产的黄油和奶酪价格崩溃，葡萄酒和鲱鱼价格上涨。

新任陆海军总司令主动出击，助力经济发展

西班牙对荷兰发起的经济战，使得荷兰发展困难重重，当时的执政官莫里斯事必躬亲，身体状态日益恶化。公元 1625 年 4 月，年仅 58 岁的莫里斯逝世，荷兰共和国陆海军总司令一职由其弟、原本就是荷兰共和国三人执政团之一的弗雷德里克·亨德里克继承。

亨德里克上任后，就重拾了对西班牙的军事进攻。

⊙ 年轻的亨德里克和莫里斯

莫里斯去世后，弗雷德里克·亨德里克出任荷兰陆海军总司令，同时出任包括荷兰、乌特勒支、谢兰岛、奥费赖塞尔和格尔德恩的联省共和国的执政（相当于继承了莫里斯的职务）。在其统治后期，格罗宁根与德伦特两省也加入了这个行列（1640 年）。

马坦萨斯湾海战

马坦萨斯湾海战导致西班牙经济严重衰退，而荷兰的经济却得到很大的改善，实力蒸蒸日上。

斯海尔托亨博斯博物馆据说是荷兰南部唯一有凡·高作品的博物馆。

公元 1627 年，亨德里克率军夺取了格罗尔，清除了荷兰东部的西班牙势力；公元 1628 年，在马坦萨斯湾海战中，荷兰海军缴获了西班牙运宝船队，更抢走了西班牙人急需的资金，有力地改善了荷兰的经济状况。

随着荷兰不断在海上打击西班牙船只，不仅重创了西班牙军队，更对其经济造成严重影响。

围困斯海尔托亨博斯

公元 1629 年 4 月，亨德里克组织了一支 28 000 人的预备役军队，包围了荷兰北部的斯海尔托亨博斯。

斯海尔托亨博斯被围之后，西班牙及其盟友从德国境内开始进军荷兰，他们没有直接去救斯海尔托亨博斯，而是派军队直入荷兰腹地，一直攻到阿默斯福特。为了阻击西班牙

阿默斯福特的水上堡垒

阿默斯福特位于荷兰中部，在乌特勒支东北约 20 千米。12 世纪的城堡、中世纪街道、古城和水门至今尚有残存。

◉ 斯海尔托亨博斯的圣约翰主教座堂

圣约翰主教座堂是斯海尔托亨博斯教区的主教座堂。教堂的历史最早可追溯到公元 1220 年的罗曼式教堂，但今天的哥特式主体大部分建于 14—16 世纪。

公元 1629 年，西班牙军被荷兰联省军队赶走后，天主教堂被改做了新教教堂，天主教被禁止，天主教徒们转入了地下活动。

军队，荷兰在国内迅速动员组织民兵，并从各地召集驻守部队，组织了一支 128 000 人的军队迅速反击，占领了西班牙的后勤基地韦塞尔，西班牙军队被迫撤退到埃瑟尔。

公元 1629 年 9 月，被围困了 5 个月的斯海尔托亨博斯向亨德里克投降。

韦塞尔和斯海尔托亨博斯的陷落，在短时间内引起了欧洲的轰动。荷兰的战略优势开始显现。公元 1632 年，荷兰发布了一个公告，承诺在荷兰军队占领的地方天主教可以自由传播，号召荷兰南部的人民“甩掉西班牙人的枷锁”。

唐斯海战：荷兰从此成为世界海洋强国

荷兰开始走出困境，西班牙也开始慌了，战略转攻为守。荷兰越战越强，西班牙眼见着收回北方 7 省的目标越来越远，甚至西属尼德兰都有可能保不住。

韦塞尔是位于德意志联邦共和国西北部的一个城市，曾经是汉萨同盟的成员。

唐斯是多佛海峡北面的一片海域，夹在肯特郡海岸和古德温沙洲之间，南北长约 20 千米，东西最宽处 8 千米，南窄北阔呈不规则的楔形。几百年来这里一直是英格兰海军的传统锚地，也是穿越英吉利海峡的商船躲避风浪的首选之地，史载最多有 800 艘船只同时停泊在此。

13 艘舰船追赶 77 艘舰船

公元 1639 年，西班牙决定孤注一掷，为了镇压西属尼德兰人，西班牙将军安东尼奥·德·奥昆多率领由 77 艘战舰组成、共配备了 24 000 名水手和陆军士兵的西葡联合舰队，兵分两路，从里斯本起航，陆军的任务是攻占佛兰德斯，海军则是夺取英吉利海峡。

当西葡联合舰队抵达西属尼德兰时，与布置在英吉利海峡的 13 艘荷兰巡逻舰相遇，荷兰海军指挥官马顿·特罗普一边向本土求援，一边指挥荷兰舰队冲向了西葡联合舰队，特罗普利用海峡滩头岬角与西葡联合舰队周旋，使得海面岬角炮声四起，浓烟滚滚，这让西葡联合舰队慌了神，陷入了混乱中，大量船只逃往当时中立国英格兰控制的唐斯海锚地，13 艘荷兰巡逻舰追击着西葡联合舰队的 77 艘战舰也来到了唐斯。由于方向不利和战舰损伤，西葡联合舰队无力打破封锁。特罗普的力量不强，他只能封锁南水道，而北水道无力封锁。西葡联合舰队在多佛和迪尔之间的唐斯锚地下锚，休整部队，修理船只，准备来日再战。

◉ 指挥唐斯海战的荷兰名将特罗普

杀西葡联合舰队一个措手不及

不久，荷兰方面由威特·德·威斯率领 17 艘战舰及时赶来，封锁住了北水道。荷兰舰队的实力仍然不够，特罗普派信使前往荷兰联省议会求援。荷兰联省议会欣喜若狂，马上搜集所有的战舰并为可参战的商船配备火力，这样特罗普的手中拥有了 105 艘战舰和 12 艘纵火船，数量上取得了优势。

经过一个月的封锁，荷兰海军终于按捺不住了，公元 1639 年 10 月 21 日，马顿·特罗普指挥战舰从狭窄的水道冲入唐斯锚地，杀了西葡联合舰队一个措手不及，荷兰海军对着西葡联合舰队一顿猛揍，炮火连天、遮云闭日。西欧最强大的西班牙海军损失惨重，而同时因为西葡联合舰队失利，西葡陆路大军也不得不放弃了攻击佛兰德斯。

这场海战就是唐斯海战，此次海战迫使西班牙最后放弃了征服荷兰的企图，同时也为荷兰赢得了海洋强国的声誉，标志着世界海军力量的重大转折，西班牙自蓬塔德尔加达海战获取的海上优势已不复存在。西班牙因这次海战在三十年战争之后的进程到18世纪初，都未能重建其海军优势，荷兰彻底取代其成为世界最强大的海军力量。此战也让特罗普赢得了极大的声望，成了荷兰人心中的民族英雄，并晋升上将，成为荷兰海军的精神领袖。然而，因为战争发生在英格兰领海范围，荷兰公然侵犯了英格兰的中立立场，对于英格兰来说是一大耻辱，这为以后英、荷之间矛盾埋下了种子。

唐斯海战

据估计，在唐斯海战中，西班牙损失43艘舰船，死亡约6000人；荷兰的损失是10艘纵火船，死亡约1000人。

唐斯海战结束之后，原本有77艘战舰的西葡联合舰队仓皇之下，只有7艘战舰逃出了荷兰人的炮火包围，于11月1日逃往敦刻尔克（此时敦刻尔克属于西班牙属地）。本以为可以放心休整的西班牙舰队没想到的是荷兰人并未打算就此结束。
荷兰海军一路追击到敦刻尔克，特罗普和孔代亲王（法国）合作，围困了躲在敦刻尔克港内的西班牙舰船，并对其实施了毁灭性的打击。敦刻尔克港围困战打垮了西班牙海军占领佛兰德斯的企图，此战后荷兰海军开始崛起。

唐斯海战成就了荷兰，迫使西班牙最后放弃了征服荷兰的企图，也打垮了西班牙的海上力量，后者直到18世纪才逐渐缓过来。

第九章
资本市场雏形

荷兰不只是海上马车夫，更是现代资本市场、银行金融的开山鼻祖，美国的华尔街最早也是荷兰人的地盘，荷兰人很早就知道发动群众才是资本市场的本质，人民的力量才是无穷的。荷兰人以国家的形式，集体“忽悠”的方式，走上了海洋强国之路。

荷兰东印度公司的成立

历史上叫“东印度公司”的有多个，大部分都靠掠夺殖民发家，比如丹麦东印度公司、瑞典东印度公司，这两家在历史上存在感不强，因为它们很快就没落了。最有名的要数英国东印度公司和荷兰东印度公司，它们持续时间长，世界影响力大。英国东印度公司是国王授权，实际上是代表英格兰国王在东印度攫取利益，而荷兰东印度公司虽然国家是大股东，但它是比较纯粹的商业组织，因为公司实际经营权掌握在“17 人董事会”手中。

欧洲人食用肉食比较多，在没有冰箱的年代，保存食品成为难题。而香料则完美地解决了这个问题，它既能延长肉食的存储时间，还能够提升肉食的口感，是每个欧洲家庭不可缺少的生活必需品。而这些香料的产地是远在东方的印度。欧洲列强们面对如此大的市场，即便要付出生命的代价，也要开拓这样的航线。

荷兰“早期特许公司”之间竞争混乱

随着荷兰在亚洲站稳脚跟，开始致力于控制香料货源。从公元 1595 年开始的短短 7 年之内，荷兰共派出了 15 支船队、65 艘船前往亚洲。这些大小不等的船队（少的 2 艘船，多的 8 艘船）都是一个“一次性公司”，只是为一次航行而成立。它们筹集资金，投入到东方香料航行之中，船队返回后卖掉货物，按投资比例清算分配。

到公元 1601 年年底，荷兰共有 6 个城市——阿姆斯特丹、泽兰（米德尔堡）、鹿特丹、代尔夫特、霍伦和恩克赫伊开始各自设有“早期特许公司”，拥有一定的香料贸易特权。然而，城市间各自特许的公司之间的过度竞争，

◉ 荷兰东印度公司徽标

◉ 荷兰东印度公司阿姆斯特丹总部

公元 1595 年 4 月—1602 年间，荷兰陆续成立了 14 家以东印度贸易为主的公司，为了避免过度的商业竞争，这 14 家公司合并为一家联合公司，也就是荷兰东印度公司。

使得香料市场混乱。于是，荷兰议会就想将这些公司合并，成立特许的“荷兰东印度公司”。

为了垄断香料市场，商人们希望将公司合并

因为香料在欧洲市场需求量极大，商人们为了获取香料贸易中的暴利以及垄断香料贸易，认为应该把所有的公司合并成一个，这样资金足，力量强大。于是他们请求国家批准组建一个联合公司，统一经营东印度的香料以及殖民开发活动，请求国家给予这个公司一些“特权”（甚至可以行使国家与对方签订国家条约的权力），这个公司向国家缴纳税金，严禁其他企业参与这一地区的贸易活动。

商人们的这些想法，也是荷兰议会的想法，于是很快荷兰东印度公司成立了。

◉ 英国东印度公司徽标

荷兰东印度公司成立并开始垄断市场

公元 1602 年，荷兰政府仿效英国，成立

◉ 荷兰东印度公司旗帜

了“联合东印度公司”，公司被授予对亚洲贸易的垄断权，赋予它在好望角和麦哲伦海峡之间，即印度洋和太平洋这一广大地区的航行权和贸易权，期限为 21 年。

特许状还规定，联合东印度公司有权夺取和没收在上述地区航行的任何外国船只，有权招募军队，建造炮台，发行纸币，任命官吏，甚至可以代表荷兰政府缔结条约。

公元 1580 年后（明万历八年），西班牙兼并葡萄牙。荷兰商人被驱逐出里斯本的香料市场。荷兰人组建东印度公司，凭借航海优势挑战西班牙、葡萄牙在亚洲海域的贸易统治地位。

联合东印度公司的荷兰文名称是 Vereenigde Oostindische Compagnie，缩写为 VOC。VOC 后来成了公司的企业标识，出现在了公司的各种物品上，例如大炮和硬币。在英语国家，联合东印度公司被称为荷兰东印度公司，以区别于其他东印度公司。

在成立之初，荷兰东印度公司垄断了肉豆蔻和丁香的贸易，并以在印度尼西亚收购价格的 14 ~ 17 倍在欧洲和印度销售这些香料。随着公司资本逐渐雄厚，荷兰东印度公司根据公司章程授权开始建立堡垒，招募军队，巩固在亚洲的据点。

◉ 荷兰东印度公司 VOC 标识

◉ 荷兰东印度公司士兵

◉ 肉豆蔻

肉豆蔻为热带著名的香料和药用植物。冬、春两季果实成熟时采收。

荷兰东印度公司背后的股东们

原来荷兰6大城市各自特许经营香料，各城市间的商人存在相互竞争、积怨已久的状况，要合并成一家统一的公司，并不是一件容易的事。

为了平衡各方势力，荷兰东印度公司选出17名执行董事，又被称为“十七绅士”，每年开两次会，以决定接下来半年的公司运作计划。

◉ 荷兰东印度公司会议室旧址

荷兰东印度公司会议室旧址，如今已成为阿姆斯特丹大学的一部分。

◎ 各地荷兰东印度公司门上的 VOC 标识

荷兰东印度公司还在亚洲成立了“东印度评议会”，授权他们在出现紧急情况时可以自行决断；还在各殖民地建立了“商馆”，也有比较大的商业授权；但出兵打仗这种大事，还是需要总部批准。

公司：世界上第一家股份制性质的联合公司

强强联合之后的荷兰东印度公司，在荷兰境内拥有了绝对的特权，可以开展获利惊人的香料贸易，但为了和西班牙、英格兰这些强国竞争，仅凭一家公司的力量是不够的。

公元 1603 年，荷兰东印度公司在爪哇岛上建立起第一个商站。葡萄牙赶紧派舰队前来驱赶，结果反被荷兰人打跑。不久，荷兰人又从葡萄牙人手中夺得了许多岛屿，渐渐控制了香料群岛。从此，葡萄牙在东印度群岛的势力一蹶不振。

政府高层都是荷兰东印度公司股东

为了获得荷兰政府更大的支持，荷兰东印度公司的“十七绅士”，凭借他们超强的人脉及游说能力，首先将政府的高层官员拖下水，让他们将自己闲置的钱入股到荷兰东印度公司，根据出钱的多少，给予不同的股份，等货船返航之后，再分配相应的利润，这样，世界上第一家股份制性质的公司就在荷兰悄悄诞生了。公司的股东们都是政府高层，于是，公司的海外贸易行为获得了整个荷兰政府的支持，因为那些高层的个人利益都捆绑在里面。

◎ 荷兰东印度公司重铸的荷兰金盾硬币

全民参股，不参与海洋贸易，都能够分得可观的利润

当荷兰政府高层将第一笔金钱投入荷兰东印度公司的贸易中后，这些股东拿到了 400% 的利润。

于是荷兰人纷纷找人托关系，将钱往荷兰东印度公司投资，整个荷兰人的投资热情高涨。随之，世界上第一家股权交易所——阿姆斯特丹证券交易所成立了，而此时只用于交易荷兰东印度公司的股票。越来越多的钱汇集到荷兰东印度公司，在金钱的驱动下，航行在大西洋上的荷兰货船也越来越多。

尼德兰地区人民一直很勤劳，手工制造业和渔业都很发达，而且富有商业头脑，这个地方的人民手里很有钱，荷兰东印度公司能很轻松地融到大量的资金。

荷兰东印度公司以这样的融资方式，让全国人民感受到了好处，只要荷兰东印度公司在大西洋上跑船，那么作为本国普通的百姓，即使不参与海洋贸易，都能够分得可观的利润。

荷兰东印度公司在公元 1637 年荷兰郁金香泡沫达到顶峰的时候，市值为 7800 万荷兰盾，折合成今天的美元是 7.9 万亿美元。不仅如此，这个公司船只占了全球一半以上的比例，可以说彻底控制了全球的贸易。

荷兰人的精明：有限责任

虽然有高额利润的保障，但是投资就会有风险。荷兰东印度公司的高管们创立了荷兰人的“有限责任”。就是指公司仅以公司的资本，对企业债务承担清偿责任。简单地说，就是投资的钱赔了就赔了。这样说起来，是不是荷兰人任由荷兰东印度公司骗钱呢？事实并非如此，仅以当时的肉豆蔻和丁香这两种香料来说，就有 14 ~ 17 倍的利润，这样的利润怎么会赔呢？所以，在 17 世纪时，凡是投资了荷兰东印度公司的荷兰股民，都分到了可观的红利。

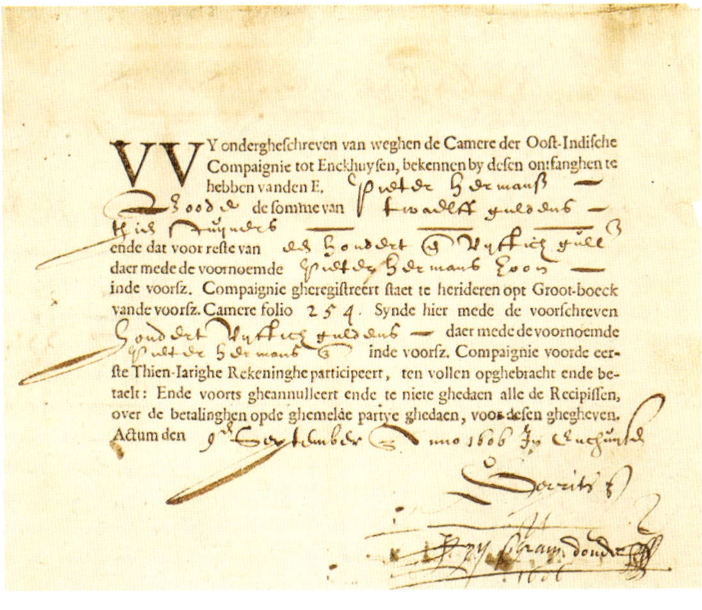

VVY ondergheschreven van weghen de Camere der Oost-Indische Compaignie tot Enckhuysen, bekennen by desen ontfanghen te hebben vanden E. [illegible] de somme van [illegible] ende dat voor reste van [illegible] daer mede de voornoemde [illegible] inde voorsz. Compaignie gheregistreert staet te herideren opt Groot-boeck vande voorsz. Camere folio 254. Synde hier mede de voorschreven [illegible] daer mede de voornoemde [illegible] inde voorsz. Compaignie voorde eerste Thien-Iarighe Rekeninghe participeert, ten vollen opghebracht ende betaelt: Ende voorts gheannulleert ende te niete ghedaen alle de Recipissen, over de betalinghen opde ghemelde partye ghedaen, voor desen ghegheven. Actum den [illegible] 1606 [illegible]

⊙ 世界上最古老的股票

这是荷兰东印度公司于公元 1606 年 9 月 9 日在霍伦发行的一张股票，股票持有人为彼得·哈尔门松，票面价值为 150 荷兰盾。

◉ 荷兰人文主义法学家格劳秀斯－雕像

荷兰人的生意头脑厉害，也从不缺乏滴水不漏的意识。他们很早就懂得法理的重要性。公元1603年，荷兰东印度公司曾与西班牙人有过一场贸易争夺战，后来双方对簿公堂，荷兰东印度公司胜诉。荷兰东印度公司受此启发，找到一位著名律师，请其撰写一份详细的法律报告，以便在今后诉讼中有法可依。这位名叫格劳秀斯的律师写成报告后，又将其中一章独立整理成书，即著名的《海洋自由论》。格劳秀斯在《海洋自由论》中抨击了葡萄牙对东印度群岛航线和贸易的垄断。他认为"海洋是取之不尽，用之不竭的，是不可占领的；应向所有国家和人民开放，供他们自由使用"。时至今日，他的"公海自由"理论作为一项国际法原则，被全世界人民接受。

股票：世界上第一个股票市场，为资本市场提供了成熟的温床

17世纪是阿姆斯特丹发展的黄金年代，在海洋上，荷兰战胜了西班牙，成为称雄海上的殖民国家。荷兰商船从阿姆斯特丹开往波罗的海、北美洲和非洲，以及今天的印度尼西亚、印度、斯里兰卡和巴西，由此构建了世界贸易网络的基础，同时贸易的发展促进了阿姆斯特丹经济的发展，快速发展的船运和贸易增加了对金融的需求。

荷兰东印度公司之后的阿姆斯特丹

作为荷兰的重要经济重镇，位于大西洋沿岸的阿姆斯特丹，由于其地理位置上的优势，成为当时欧洲最大的商港，其转口贸易与航运位居欧洲之冠。阿姆斯特丹很快就成为"各地物产和八方财富汇集之所"，是欧洲最大的仓储中心和世界商品的集散地。凭借在商业上的优势和世界贸易中的主导地位，阿

◉ 我国记录的荷兰东印度公司的商船

姆斯特丹积聚了巨额商业资本，然后又转化为金融领域的优势，将银行、股票交易所、信用、保险，以及有限责任公司有机地统一成一个相互贯通的金融和商业体系，由此带来了爆炸式的财富增长，成为欧洲乃至世界金融中心，并使荷兰最终确立了世界经济霸主的地位。

17 世纪末，荷兰东印度公司的股票开始在伦敦非正式的股票交易场所公开交易，后来成为伦敦股票交易所成立后最早交易的股票之一。

小酒馆里的世界上第一笔股票交易

在阿姆斯特丹的一家小酒馆里，有几个做不同生意的荷兰人在聊天，他们有人说马上要购一批香水到法兰西销售，但上个月买了不少荷兰东印度公司的股票，手中资金不足，早知道就不买了。

“反正船一回来你就有大笔分红啊！”另一个朋友说。

“如果现在有钱，可以赚得更多呀！”这个商人回答。

气氛一下冷了下来，谁不想赚更多的钱呢？于是大家陷入沉思中，此时，一直未说话的一位朋友突然说道：“我这

◉公元 1612 年所绘的阿姆斯特丹证券交易所

阿姆斯特丹证券交易所于公元 1609 年诞生，是世界上第一个股票交易所。

◉ 阿姆斯特丹对于食物存储的壁画

里还有些闲钱，要不你把你的股权转卖给我一些，你能获得更多的运营资金，我也赚点分红，怎么样？”

随后，还有其他几个朋友纷纷要求入股，于是有人提议，如果愿意的话，可以把股权转让出来，他们将以稍稍高出银行利息的价格买入。商人欣然答应。就这样，这几个荷兰商人做成了世界上第一笔股票交易。

随着越来越多的商人聚集到这个小酒馆里，越来越多的人都会定期到小酒馆进行股票交易，渐渐地形成了定期的交易模式，于是在公元1609年，世界上第一个股票交易所——阿姆斯特丹证券交易所成立了。

◉ 阿姆斯特丹造纸厂的壁画

◉ 阿姆斯特丹证券交易所

公元 17 世纪的世界金融中心——阿姆斯特丹证券交易所内人头攒动的场景。

荷兰政府开始收取交易税

有了第一家股票交易所之后，阿姆斯特丹成为当时整个欧洲最活跃的资本市场，前来从事股票交易的不仅有荷兰人，还有许多包括葡萄牙人和西班牙人在内的外国人。荷兰乃至整个欧洲，有钱的人或者说想要参与股权转移的人，都汇集到了阿姆斯特丹证券交易所里，这里的人们只在每天开市的时候才开始工作。他们会从报纸获知某只股票的涨跌情况。

荷兰人除了发明了股票，还最早发明了操纵股市的技术，如卖空、洗盘、对敲、逼空。

商人们通过购入或者售出某只股票赚取差价，荷兰政府则在每笔交易中收取低廉的税金，而在不断交易中，大量的股息流入荷兰国库和普通荷兰人腰包，荷兰人更有钱了。

据说当时仅英格兰国债一项，荷兰每年就可获得超过 2500 万荷兰盾的收入，价值相当于 200 吨白银。

不仅如此，荷兰人为了搞活自己的收入，还购买了别的国家的国债，比如英格兰国债，精明的荷兰人就像赌博的老手，

◉ 阿姆斯特丹证券交易所内等待开市的商人们

不仅买了自己国家赢，同时也买了对手赢，作为当时海洋贸易强国两个最大的竞争对手，不管哪方赢，荷兰商人都能赚到钱。

荷兰与世界上之前的海洋帝国的区别，并不是他们有多么强大的海洋军事力量，而是他们懂得整合全国之力，运营着荷兰东印度公司，同时他们也懂得在商人外出贸易（或者说拼命更准确）的时候，通过后台的操作，为资本市场提供了成熟的温床。

◉ 阿姆斯特丹面包厂的壁画

◉ 14 世纪绘画：威尼斯板凳银行家

英语中的 bank 最初的意思即为“条凳”，来自古意大利语 banca 或法语 banque，最初 bank 还可以用来指桌子或柜台。因为威尼斯最早出现的板凳银行家，后来 bank 因此有了“银行”的意思。如果银行信誉不好，债权人就会砸烂银行家的板凳，而被赶出威尼斯，意大利语称之为 banca rotta，即“破板凳”的意思。

荷兰人将银行、证券交易所、信用，以及有限责任公司有机地统一成一个相互贯通的金融和商业体系，这种先进的运作模式帮助荷兰把贸易触角伸得比葡萄牙和西班牙更长，由此带来了爆炸式的财富增长。

银行：世界上第一家银行，成就荷兰的自由金融市场

银行在当时的欧洲不是新鲜事，威尼斯为了给各国的生意人提供兑换金币的业务，就形成了一批坐在板凳上的银行家，他们的银行是等着业务上门。而在荷兰，这里的银行除了兑换之外，还有投资。

在创建阿姆斯特丹证券交易所的同年，即公元 1609 年，荷兰人在阿姆斯特丹创办了世界上第一家银行（另一说法，威尼斯创办了世界上第一家银行），阿姆斯特丹银行开展的业务与现代银行非常相似。

◉ 银行家和他的妻子 –1514 年油画

现藏于巴黎卢浮宫博物馆，画中是一个尼德兰银行家（钱铺掌柜）和他的妻子，它是银行的雏形，进行金融业务的初级的商业形式。具体业务是承担兑换各种钱币，以便于流通。

穆拉德一世（约 1326—1389 年），公元 1360 年继位，改称号为苏丹。他在位 29 年，全力推行领土扩张政策，征服了东南欧和西亚的许多国家，为奥斯曼帝国的崛起奠定了基础。

首先，阿姆斯特丹银行被赋予兑换货币的特权，这点跟威尼斯的银行类似。

其次，与现在的银行类似，阿姆斯特丹银行可以贷款给商人。阿姆斯特丹银行成立后信誉不断提高，国内外民众在银行的存款不断增加，随之贷款业务也在不断增加。

最后，阿姆斯特丹银行也可以办理非现金支付业务。若商人的存款还在约定的时间以内，可以使用转账形式付款，不需要提取之后再支付，但是需要使用现金支付手续费。

阿姆斯特丹银行逐渐发展成信贷银行，对荷兰东印度公司、荷兰共和国以及私人进行贷款。

历史上第一次经济危机：郁金香危机

经济危机这个词语一听就跟现代经济有关，可 17 世纪的荷兰却曾因为郁金香而爆发了历史上第一次经济危机。

欧洲的第一株郁金香

郁金香最早起源于地中海沿岸及中西亚。在公元 1386 年奥斯曼帝国苏丹穆拉德一世的一件棉布衬衣上，曾绣有一株标识身份的郁金香，直到 16 世纪，信奉基督教的欧洲才出现了第一株郁金香。如今荷兰境内最多的植物应该就是郁金香。

有一个荷兰的传说：古代有三位勇士同时爱上了一个美女，一个送给她一顶皇冠，一个送给她一把宝剑，另一个送了一块金子。但美女对谁都不钟情，只好向花神祷告。花神深感爱情不能勉强，便将皇冠变为鲜花，宝剑变成绿叶，金子变成茎根，这样合起来便成了一朵郁金香。

⊙ 郁金香的贵族品种 – 永恒的皇帝

郁金香是荷兰种植最广泛的花卉，也是荷兰的国花。它象征着美好、庄严、华贵和成功。

由于郁金香在欧洲十分稀有，很快便成为人们渴求的目标，美丽的郁金香吸引了许多新富阶层。到了公元1621年，郁金香的培植已经非常繁盛。在当时欧洲，谁家花园里的郁金香最美最壮观，成为上层人士和暴发户攀比炫富的重要方式，郁金香则被他们誉为“友谊之花”。

一个关于郁金香的传说：公元1562年，安特卫普的一个商人从君士坦丁堡购买的一船衣料中发现了一些郁金香，但被误认为是洋葱，于是大部分郁金香被剁碎了用于烹饪，只有少部分在厨房的菜园中被种了下来，第二年春天开出了美丽的花朵。

花卉新贵郁金香

拥有郁金香花园不容易，但要保持郁金香花园的姹紫嫣红更加奢侈和不易。

荷兰省沙丘附近的沙质土明显适于这种花卉的栽种。这里的小农们开始栽培郁金香，他们甚至将买卖郁金香作为经济支柱。因为郁金香的花期很短，为了尽快将货物卖出去，商人们根据郁金香的颜色不同，编纂出商品目录，说明他们有许多品种的郁金香可以出售。

天然郁金香在红的程度上存在不同，这一点直到20世纪才被科学家指出，这是由于郁金香的球茎感染病毒所导致的。而当时的人们却将这种畸形品种当作罕世珍品放到市场上出售。

郁金香让所有人都疯狂了

起初，作为花卉植物，郁金香的价格波动不大。到了公元1634年，郁金香引起了投资者和投机者的注意。那些人拿着从荷兰东印度公司赚来的钱财，迅速投入到了种植郁金香的投资之中。

郁金香热潮从阿姆斯特丹扩展到周边城市，郁金香交易愈演愈烈，其价格也随之上涨。

随着郁金香的价格飞涨，越来越多的投机商选择大量囤积，在低买高卖中获取巨额利润，使得许多人在一夜之间就成为百万富翁。

⊙ 郁金香之父——克卢修斯

克卢修斯是16世纪影响力最大的园艺家，很多人都称他为“郁金香之父”。他不仅发现了杂色郁金香，甚至可以说是大名鼎鼎的郁金香狂热的“罪魁祸首”。

◉ 荷兰到处种满郁金香的田园

公元 1635 年，许多人愿意以 10 万荷兰盾的高价购买 40 株郁金香，尤其是一些珍稀品种，价格更是高得不可思议。
公元 1636 年，一株名贵的郁金香价格最高可达 3000 荷兰盾，按当时的货币价值计算，可以交换 8 头肥猪、4 头肥公牛、2 吨奶油、1000 磅奶酪、1 个银制杯子、1 包衣服、1 张附有床垫的床，外加一条船。
公元 1637 年，郁金香的价格涨了整整 59 倍，一株名为“永远的奥古斯都”的郁金香的球茎居然被炒到了 6700 荷兰盾，这笔钱足以买下当时阿姆斯特丹运河边的一幢豪宅。

永远的奥古斯都

当时有看过这株郁金香的人描绘：“它是白色的，在蓝色的底部有深红色，在顶部正中央，有着一朵没有绽开的火焰。”它的培育者阿德里恩·波沃博士拥有 12 株左右的这种花，他用一个镶有镜子的阳台来安放这些珍品，任何高价都不出手。

于是，上至国家官员、贵族，下至农民、随从，甚至是扫烟囱的工人和年逾花甲的老妇，都投入到投资郁金香的行列，所有人都疯狂了。

“郁金香经济”宣告彻底破灭

到了公元 1637 年年初，郁金香交易达到了白热化，投身其中的人们已经丧失了最后的理智。郁金香交易合同反复易手，现货与期货的交割变得困难重重。

没有人知道是谁第一个开始抛售郁金香的买卖合同，郁金香交易如多米诺骨牌一样突然被推倒。随之而来的是所有人争先恐后地抛售自己手中的合同，转眼间其价格就暴跌到原来的 1% 不到。人们在交易所里歇斯底里地叫骂，整个阿姆斯特丹陷入末日般的恐慌中。

至此，曾经繁荣似锦的“郁金香经济”宣告彻底破灭。

许多在郁金香交易中暴富的人又被打回了原形；有些曾经富有的人沦为了乞丐，有些世袭贵族也在这场浩劫中倾家荡产；更有人血本无归，选择自杀。在一片哀鸿遍野的惨痛中，荷兰政府于公元 1637 年 4 月 27 日下令终止所有郁金香合同的交易。

郁金香危机沉重地打击了举世闻名的阿姆斯特丹证券交易所，使荷兰经济陷入崩溃的边缘，荷兰这个强盛的殖民帝国由此开始走向衰落，欧洲经济中心逐步向海峡对岸的英国转移。

在郁金香热潮中，荷兰人嘲笑英国人无知的一个笑话：一个英国船员不认识郁金香，把船主花 3000 金币从交易所买来的郁金香当成洋葱一层层剥开，就着熏鲱鱼吃进了肚子。

“郁金香泡沫”对于荷兰的打击，并不仅仅是参与投机的那部分蚀掉的本钱，而是它打乱了荷兰整个经济结构。经此一折腾，荷兰原本引以为傲的造船业停顿了下来，让位给了花卉种植业。不造航船改种花的荷兰，最终在 17 世纪的海上争霸中输给了英国。

讽刺的是，在郁金香热过去一个世纪之后，荷兰人再次因为一种叫洋水仙的植物而疯狂，并重蹈了“郁金香泡沫”破灭的悲剧。

◎ 对郁金香热的讽刺

著名画家扬·勃鲁盖尔创作的一幅讽刺画中，一群愚蠢的猴子正在热火朝天地进行着郁金香交易。无论是种花人、花商，还是参与其中的投机者，都受到了画家的无情嘲弄。

第十章 东印度公司成就荷兰海洋霸权

为了利益，荷兰组建了荷兰东印度公司；为了降低风险，他们向全国人民发行了股票；为了保证贸易，他们拥有自己的军队。一切都具备之后，这家公司将触手伸遍了全球。

荷兰当时是个仅有150万人口的国家，但它将自己的势力几乎延伸到地球的每一个角落，被马克思称为当时的“海上第一强国”。

荷兰人“不择手段”开展贸易

据计算，荷兰东印度公司鼎盛时期在全球拥有15 000个分支机构，贸易额曾经占到全世界总贸易额的一半；总共向海外派出1772艘船，约有100万欧洲人搭乘4789航次的船前往亚洲地区。

◉ 英西战争结束时签约的双方

荷兰东印度公司拥有超过150艘商船、40艘战舰、5万名员工与1万名雇佣兵，股息高达40%。在整个荷兰，商船吨位在公元1670年超过了英、法、德、西、葡等主要欧洲国家的总和。良好的贸易需要不懈的扩张来保障，荷兰在殖民时期的扩张同样充满血腥。

公元1604年，西班牙与英格兰签订《伦敦条约》，宣告英西战争结束。英西协议分别停止对爱尔兰与尼德兰的军事介入，且英方放弃在公海上的劫掠行为。战后西班牙重获欧洲西部海域优势，条约整体有利于西班牙。但整个战争过程对两国财政都造成了相当程度的负担，而英国则进入40年的萎靡期。

在巴塔维亚建立荷兰东印度公司的亚洲总部

古代的雅加达只是爪哇沿海一个不太引人注目的城邦，虽然它竭力吸引东西方商人前去贸易，但最重要的香料贸易却被邻近的万丹把持。

公元1619年，扬·皮特斯·科恩被任命为第四任荷兰东印度公司印度尼西亚总督，科恩敏锐地觉察到了公司在亚洲扩张的可能性，希望拿下马六甲，以开启南洋战略。但是，由于葡萄牙的坚守，荷兰在马六甲迟迟未能得手，所以只能迂回到南方的爪哇岛，期望从源头上控制香料贸易。

◉ 荷兰人抵达雅加达

荷兰人刚来到雅加达时，雅加达只是爪哇沿海一个不太引人注目的城邦。

◉ 马六甲杭图亚传奇壁画

公元 1511 年 8 月 24 日，马六甲被葡萄牙征服（马六甲围城战），并成为葡萄牙在东印度群岛扩张的战略基地。

公元 1641 年，荷兰击败葡萄牙人占领马六甲。

公元 1824—1957 年被英国人占领。

起初，荷兰东印度公司的首要目标也不是雅加达，而是更有影响力的万丹。荷兰商人在当地建立了好几个可以兼任临时堡垒的商馆，还试图和万丹苏丹签订一个垄断香料的协议。但万丹宫廷中的反荷兰势力十分强大，首相和文武官员都千方百计地想要挤走荷兰商人，甚至不惜和新到此处的英国人合作。在无法得到万丹、垄断香料贸易的情况下，当年 5 月，科恩率领 19 艘舰船冲进了雅加达，驱逐了把持香料贸易的万丹军队，荷兰人在战争的灰烬中重建了雅加达，作为荷兰东印度公司的亚洲总部，并改名为巴塔维亚。

在 17 世纪 20 年代，科恩将巴塔维亚的原住民赶走、饿死或者屠杀，试图在这里大量安置荷兰殖民者，建立丁香和肉豆蔻种植园，但是当时荷兰人并不愿意移民此地。在

◉ 雅加达古迹：瞭望塔

雅加达北部的荷兰殖民政府的瞭望塔历史悠久，被当地政府列为古迹。

这种情况下，为了充实人口，荷兰东印度公司开始大量招揽中国人。他们为了吸引中国商人，对移居巴塔维亚的华商课以轻税，并奖励华商招引同乡来巴塔维亚。

随着华商人口的不断增长，在巴塔维亚从事商业活动的人数开始增加，从流动小贩到固定摊贩，再到零售商和批发商，形成了完整的商业网。

荷兰殖民者还极力诱使中国商船前去贸易，以获得大量的中国丝绸、瓷器和茶叶等。这些商品运往欧洲市场发售，可以获取丰厚利润。如公元1621年荷兰东印度公司贩运到欧洲的中国生丝毛利达317%。

巴塔维亚逐渐成了连接东西方贸易的纽带、荷兰入侵东方世界的中转站和东方商业殖民帝国的中心，辐射向西远至波斯、印度和锡兰（今斯里兰卡），向东延伸到马鲁古香料群岛，向北抵达中国和日本的荷兰东印度公司的贸易总部。

荷兰殖民者在中国留下的脚印

荷兰东印度公司曾试图用武力迫使中国开放对荷兰的贸易，当时的明朝政府对于荷兰东印度公司的强盗行径予以反击。

公元1601年，荷兰海军舰队曾到达澳门，请求明朝政府允许他们做生意。他们在广州停留了一个多月，然后离去。

公元1604年，荷兰海军舰队8艘武装舰船占领了中国的澎湖，后经明朝福建南路总兵施德政派兵前去抗敌，迫以兵威，荷兰海军被迫退去。

◉ 雅加达在荷兰统治时期的大炮

这是荷兰统治时期殖民总督府前的大炮，大炮指向的地方过去是大海及港口。

◉ 猫屎咖啡

猫屎咖啡

18世纪初，荷兰人在印度尼西亚的殖民地苏门答腊和爪哇岛一带建立了咖啡种植园，并且禁止当地人采撷和食用自己种植的咖啡果子。印度尼西亚当地人无意中发现麝香猫爱吃这些咖啡果子，并且会在拉大便的时候把豆子原封不动地排出来。这些豆子经过猫咪胃的发酵，产出的咖啡比普通的更好喝了。香醇可口的猫屎咖啡渐渐声名远扬，成为国际市场上的抢手货。

◉ 雅加达古迹：铁锚

一个荷兰殖民时期遗留下来的铁锚，见证了殖民历史。

早在欧洲人听说香料群岛之前，马鲁古北部的丁香及中部岛屿的肉豆蔻已在亚洲交易。
公元1511年，葡萄牙人到达此地，由此引发了后来百多年的争端。首先是葡萄牙人与当地苏丹的冲突，随后是葡萄牙人和西班牙人、英国人和荷兰人之间的冲突，最后荷兰人获胜。这期间争夺该地区控制权的斗争使很多人丧生，得胜的荷兰人赢得了巨大利润。

公元1619年，荷兰与英国组成联合舰队，集结16艘军舰，企图夺取澳门，遭到中国官兵痛击，舰队司令雷约兹被击毙。

公元1622年6月间，荷兰海军再次攻占澎湖列岛。在岛上推行野蛮的殖民政策，修建堡垒，进行奴隶贸易，勾结海盗，骚扰中国沿海。公元1624年2月，福建巡抚南居益派员率军渡海，向盘踞在澎湖列岛上的荷兰殖民者发起猛攻，最终将荷兰人逐出澎湖列岛。

◉ 雅加达传统木制面具

雅加达的传统木制面具采用当地原生态的木材料制作，面具图案极具特色。

◉ 荷兰人眼中的中国海盗

图中手拿权杖的是他们眼里的中国海盗郑芝龙。

◉ 马鲁古传统风格的雕塑

公元1642年8月，荷兰殖民者侵占了整个我国台湾岛，开始了对我国台湾人民长达20年的殖民统治。我国台湾人民主要协助荷兰东印度公司进行商品交易，荷兰人占领的土地则由他们耕作，种植稻米或甘蔗。当时蔗糖成为荷兰人在我国台湾地区的主要出口品，销往世界各地。公元1662年，郑成功在我国台湾人民的支持和帮助下，终于迫使荷军宣布投降，交出城堡。

荷兰人来到中国海域之后，并没有过多地关注当地的贸易，但是却绘制了清晰的海图。

荷兰与日本的贵金属贸易

与明朝通商，一直是葡萄牙、西班牙和荷兰的目标，但是由于明朝的海禁政策，这似乎成了不可能完成的任务，于是他们继续向东，来到了以“金银”著称的日本。当第一批荷兰籍的天主教徒来到这里后，许多荷兰商人紧随着也来到了这里。

日本被荷兰人盯上的主要原因是：

首先，日本盛产金银等贵重金属。荷兰在与亚洲人的贸易中都是使用真金白银，所以想购入更多的商品就需要有更多的金银，而日本却是这种硬通货的产地。

其次，日本虽是小岛，但却吸收了许多中国的文化，能提供一些中国商品的替代品，诸如茶叶、生丝、瓷器等。荷兰商人通过贩售南洋的香料和西方手工制造业产品获得资金，然后采购部分日本商品，转销东南亚或带回欧洲销售。

◉ 郑成功

郑成功（1624—1662年），又名福松，本名郑森，字明俨，是明末清初的军事家，民族英雄。南明唐王隆武帝赐国姓朱，更名成功，故又称郑国姓、国姓爷。南明桂王永历帝封他为延平郡王，故又称郑延平。

郑成功对荷兰殖民者进行了坚决斗争。他不准商人到我国台湾与荷兰人通商，就这样封锁了两年，搞得荷兰殖民者狼狈不堪。

日本在公元1616—1641年连续发布《锁国令》，先后断绝了和英国、西班牙、葡萄牙的外交与贸易，只与中国和荷兰保持贸易往来，而且荷兰商人被强制迁往长崎的出岛，且没有招致任何报复。

马克思说："金银天然不是货币，但货币天然是金银。"

荷兰商人在日本的地位比他们在孟加拉或广州要好不少。很多广州港的商品会被财力更雄厚的英国商人买走。而在日本，没有强敌竞争的荷兰商人可以从容买卖。

瓷器市场垄断：将瓷器生意做得风生水起

荷兰在成为海上贸易霸主后，一直就是中国景德镇瓷器的最大买家。仅仅在公元1602—1657年间，运往荷兰后转售往欧洲其他国家的瓷器就达300万件以上。

荷兰人除了将瓷器运回欧洲各国外，他们还掌控着当时亚洲各国之间瓷器流通的生意，数百万件瓷器通过荷兰东印度公司的商船运往印度、锡兰、缅甸和阿拉伯地区，尤其是钟爱瓷器的日本，成为荷兰最主要的瓷器倾销地。

精明的荷兰人并非单纯买卖瓷器，他们还将中国的原料贩卖给日本人生产瓷器，再由荷兰东印度公司源源不断地运往欧洲，著名的日本伊万里瓷器就是在这个时期诞生的。

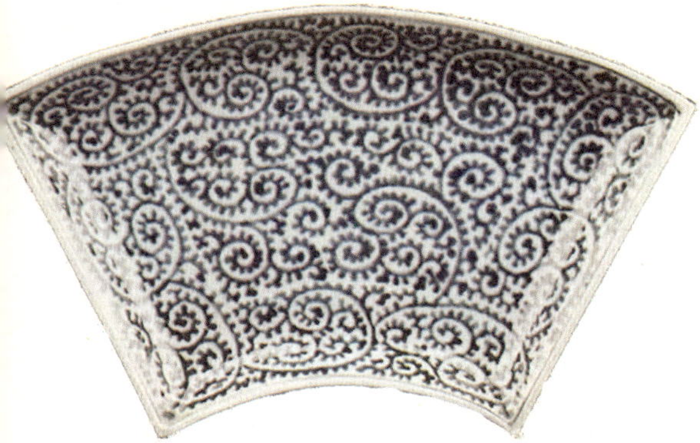

◉ 日本伊万里瓷器

◉ 德川家康

德川幕府又称江户幕府，公元1603年由征夷大将军德川家康在日本江户（今东京）所建，是日本历史上最强盛也是最后的武家政治组织。荷兰是德川幕府时期唯一被允许与日本贸易的列强国家。荷兰传来的医学，日本称兰医，在日本与中医齐名。

17 世纪初期，荷兰人更是自己生产出著名的代尔夫特瓷器，至今仍是世界顶级瓷器品牌。

肉桂贸易垄断：将葡萄牙的据点逐渐蚕食

公元 1640 年，荷兰东印度公司夺取了葡萄牙占据的印度洋沿岸的斯里兰卡的加勒、锡兰，打破了葡萄牙对肉桂贸易的垄断。

公元 1656 年，荷兰海军将领杰拉德·彼得斯·霍夫特与斯里兰卡康提王国国王拉贾廷加二世联手夺取了斯里兰卡的重要商业城市科伦坡，从而确保了荷兰东印度公司对肉桂贸易的垄断。为了防止葡萄牙再次占据斯里兰卡，荷兰东印度公司攻击了马拉巴尔海岸的葡萄牙人，并将他们从印度洋西海岸赶走。荷兰就是这样一个城市一个城市地蚕食葡萄牙占领的印度洋沿岸的城市。

科伦坡位于斯里兰卡岛西南岸，濒临印度洋，北面以凯勒尼河为界，是斯里兰卡的最大城市与商业中心，是进入斯里兰卡的门户，素有“东方十字路口”之称。公元 1521 年葡萄牙船队在科伦坡附近登陆。公元 1656 年 5 月 12 日荷兰军队攻克科伦坡。公元 1796 年 2 月 15 日英军占领科伦坡，荷兰人统治时期结束。

◉ 英文缩写 VOC 的瓷盘

这个印有英文缩写 VOC 的瓷盘，是清朝时期由荷兰东印度公司定制的。

◉ 肉桂

肉桂，又名玉桂、牡桂、玉树、大桂、辣桂、平安树、桂皮，为樟科植物肉桂的干燥树皮。树皮芳香，可作香料。

马拉巴尔海岸是一条长而狭窄的海岸线，位于印度次大陆的西南部。

◉ 佛牙寺

佛牙寺紧邻康提王国王宫，佛祖释迦牟尼牙骨就存放在佛牙寺的佛殿之中。

公元 1663 年，葡萄牙与荷兰达成和平协议，这时葡萄牙在印度仅剩下果阿一个据点。

荷兰东印度公司疯狂地扩张殖民贸易，其高昂的利润为荷兰进行八十年战争提供了充足的资金保障，这也是西班牙发动经济战而未能拖垮荷兰的重要原因。

◉ 巴尔托洛梅乌·缪·迪亚士

公元 1488 年 2 月迪亚士发现好望角，当时命名为“风暴之角”，他在这里的崖石上刻下了葡萄牙国王若奥二世的名字，以及葡萄牙盾形纹徽、十字架等。公元 1500 年 5 月 12 日，迪亚士在跟随卡布拉尔的舰队去往印度时，在好望角附近遇到风暴，有 4 艘船被毁，迪亚士遇难。

荷兰打败葡萄牙获得东方航线要塞好望角

好望角隶属南非开普敦，两地距离 52 千米。以大洋论，西边是大西洋，东边是印度洋。以大洲论，西边是南美洲，东边是亚洲、大洋洲，对面是神秘的南极洲，好望角有着绝佳的地理位置，在苏伊士运河开通之前，它是从欧洲到亚洲、大洋洲的海上必经之地。即便后来开通了苏伊士运河，通行 25 万吨以上的巨轮依然要走好望角。

葡萄牙发现好望角

公元 1488 年 2 月，葡萄牙航海家迪亚士在寻找东方的黄金之国印度时，发现了好望角，当时称风暴角。虽然迪亚士的发现印度之旅无功而返，但是他发现的好望角促使许多欧洲国家把扩张的目光转向东方。荷兰、英国、法国、西班牙等国的船队都先后经过这里前往印度、印度尼西亚、中南半岛、菲律宾和中国，为欧洲人提供了通过好望角向亚洲进发的水道。当然也有很多欧洲人来到好望角，留在了这里，过起了另外一种生活。

好望角被荷兰建设成补给基地

随着荷兰东印度公司日渐强大，精明的荷兰人不再满足于只将好望角作为一个海上航标，他们想将好望角变成从欧洲到亚洲重要的补给基地。

镇压好望角当地人的反抗

在荷兰东印度公司高层的谋划下，公元 1652 年 4 月，由范里贝克率领的舰队抵达好望角以北的山脚下，建立了定居点。为了方便喝水和农业灌溉，荷兰人还挖通了水渠，搞起了基础建设。

荷兰人一贯的殖民手段，使得开普敦的科伊族人开始反抗，但是当地人根本不是荷兰人的对手，反抗被一次次地镇压。

好望角名字由来的两种说法：一种是航海家迪亚士满载而归时，葡萄牙国王若奥二世将“风暴角”改名为“好望角”；另一种说法是航海家达·伽马满载而归后，葡萄牙国王曼努埃尔一世才将“风暴角”易名为“好望角”，不管是哪种说法，本书不作求证了，反正均是以示绕过此海角就带来了好运。

好望角建立起居民生活点

刚开始好望角的生活条件比较差，荷兰人都不愿意到此移民定居，所以这里严重缺少管理者。于是荷兰国内制定了一条新的法律：只要是犯了罪的荷兰人，都被发配到这里。

◉ 好望角指示牌

好望角的意思是“美好希望的海角”，是非洲西南端非常著名的岬角，位于34° 21′ 25″ S、18° 29′ 51″ E 处。北距开普敦 52 千米。因多暴风雨，海浪汹涌，故最初称为“风暴角”。

◉ 范里贝克

范里贝克，全名约翰・安托尼斯宗・赞・范里贝克（1619—1677 年），荷兰殖民地管理人、开普敦发现者。

荷兰的这条法律既解决了国内的动乱问题，还帮助好望角建立起居民生活点，但是随着来这里的人越来越多，地方不够大了。他们开始向周边扩张，强占当地部族的土地，为了防止当地人的反抗，公元 1679 年，荷兰人修建了一座用于军事防御的碉堡——好望堡（在范里贝克建造的木制要塞上，改建的首座军事基地，当年其建筑材料多来自荷兰）。

就这样，荷兰人一点点地将好望角变成自己的补给基地，从而可以通过这里顺畅地航行到亚洲，为东方航线的延长做好了准备。

◉ 发现开普敦纪念币

◉ 好望堡

好望堡是一座 17 世纪 70 年代由荷兰东印度公司的工人建造的五角堡垒，是南非现存最古老、保存最完好的建筑。原为荷兰东印度公司总督官邸，如今是艺术品收藏馆、南非国防部队在西开普的地区司令部、军事博物馆。城堡内还保留着当年囚禁犯人的牢房。

好望角地区还有一个比较正式的名称——开普，后来就成了开普敦。

◉ 南非先民纪念馆内描绘开普敦移民场景的雕塑

南非先民纪念馆内有大量的雕塑描述南非先民大迁徙的场景，其中就有荷兰移民进行大迁徙的历史场景。

第十一章

荷兰西印度公司

荷兰东印度公司向东方世界入侵，大部分只是蚕食葡萄牙的利益，当荷兰想要获得更大的海洋贸易机会时，除了向东拓殖，还需要向西、向北发展，这就直接挑战了西班牙的垄断地位，于是荷兰成立了荷兰西印度公司。

荷兰西印度公司侵入北大西洋贸易市场

荷兰西印度公司主要进行奴隶、贵金属、烟草、糖贸易以及海盗、殖民业务，其主要活动范围包括西非、整个美洲和大西洋北方。

早在公元 1454 年，葡萄牙与西班牙就在大西洋问题上达成了协议，葡萄牙向东，而西班牙向西。但在 16 世纪末期，两国的贸易垄断受到了英国和荷兰的挑战，特别是在亚洲的贸易垄断接连被打破。

西班牙和葡萄牙为了守住大西洋贸易上的垄断地位，开始封锁荷兰船只，然而荷兰对夺取大西洋贸易权的欲望却越来越强烈。

◉ 奴隶贸易

北大西洋的北方航线处于混乱之中

荷兰人想要将生意做遍全球，就需要打通新西兰西北航线，希望能够通过这里找到前往东亚的另一条航线，借此打破西班牙的垄断。

公元1611年，荷兰派阿德里安·布洛克前往北大西洋探险。公元1611—1613年，布洛克三次到达哈得孙河。荷兰人的到来使得当地的皮货资源变得稀缺了起来，因此，布洛克和当地皮货商汉斯·亨顿发生矛盾，经过战争之后，布洛克获得了4年皮货专营权。4年后，布洛克的专营权没有获得延期，因为皮货成了紧俏商品，各地商人纷纷来到哈得孙河，导致了该航线一直处于混乱中，荷兰急需开辟由大西洋通往北方的贸易路线。

◉ 阿德里安·布洛克

阿德里安·布洛克（1567—1627年），荷兰商人、航海家。布洛克在四次航行中以探索现今美国新泽西州和马萨诸塞州之间的沿海和河谷地区而闻名。他还是最早与美洲原住民建立贸易关系的商人。

荷兰在非洲的贸易不畅通

荷兰在非洲巴尔塔萨的毛赫龙建立了第一个贸易据点，由此开展对非洲的贸易。公元1600年左右，荷兰开始介入洛昂加王国铜矿石的贸易。同时在加勒比海周边，荷兰商人也开始了盐、糖、烟草的贩卖活

荷兰西印度公司拥有与荷兰东印度公司相同的特权与经营模式，目的是开辟包括西非在内的整个美洲和大西洋北方的商贸活动。

◉ 阿德里安·布洛克绘制的地图

布洛克于公元1614年绘制的地图。“新尼德兰”一词第一次出现。“新尼德兰”是美洲旧地区名，即公元1614—1674年荷兰在北美洲东部设立的殖民地，其地域大致包括今日美国的纽约州、康涅狄格州、新泽西州和特拉华州部分地区，位于哈得孙河和下特拉华河流域，行政中心为新阿姆斯特丹（纽约）。

公元 1657 年 12 月 27 日在法拉盛签署的《法拉盛抗议书》是《美国权利法案》《宗教自由法案》的前身，此运动最后迫使管辖法拉盛的荷兰西印度公司允许居民宗教自由。

如今法拉盛是美国纽约皇后区境内的一个区域。

动，而此前这些地方的贸易都被西班牙商人垄断，这个时期，整个荷兰全国正与西班牙打得不可开交，双方都筋疲力尽，开始和谈。

西班牙要求荷兰承诺荷兰海军退出非洲以换取和平，荷兰主和派奥尔登巴内费尔特接受了西班牙的条件，达成了两国十二年的和平。这样一来，从大西洋向西通往非洲的贸易基本上又被西班牙商人垄断了，虽然荷兰商人依旧可以在此贸易，但是得看西班牙人的脸色，荷兰商人急需通往非洲的贸易路线。

荷兰西印度公司成立

荷兰与西班牙之间约定了十二年休战，但是并不妨碍民间商人去往美洲贸易，奥尔登巴内费尔特在休战期间，以商人的身份开始了与美洲（后来的法拉盛）地区进行贸易接触，但是遭到了西班牙人的掠夺，不仅如此，西班牙以外的所有外国轮船在此海域都会陷入危险中。除此之外，还有海盗在这个海域活动。

因为外地商船无法得到安全保障，所以法拉盛的产品无法被运出去销售，直接影响到了本地人的利益。公元 1616 年，法拉盛的市长向荷兰执政之一的陆海军总司令莫里斯提出了在该地建立据点的建议。

公元 1618 年，当波希米亚与哈布斯堡王朝之间发生战争时，荷兰迫不及待地参与了进去，到公元 1621 年 4 月，十二年休战期满之后，之前因为和谈原因而搁置的商贸活动完全开启，荷兰商人可以不顾西班牙的禁令而自主地开展贸易活动，同年，荷兰成立了西印度公司。

◉ 奥尔登巴内费尔特雕像

奥尔登巴内费尔特因为促成与西班牙的和平，成了荷兰民众心中的英雄，然而却得罪了当时大权在握的荷兰陆海军总司令莫里斯，后来被逮捕杀害。

◉ 荷兰西印度公司铸造的金币

荷兰西印度公司成立后，有了自己的武装军队，一方面用于抢劫西班牙等对手的商船，另一方面也为了开拓殖民地与护航。

荷兰西印度公司的组织结构

荷兰西印度公司参照荷兰东印度公司的模式，由 5 个分部（5 个大商会分别隶属于北方 7 省中的 4 个省）组成，分别是阿姆斯特丹（荷兰省）、西兰、鹿特丹（荷兰省）、格罗林根和弗利兹兰。他们的专利权为 24 年。由十九绅士掌握实权，在公元 1623 年的股权竞争中政府和荷兰东印度公司以 100 万荷兰盾的投资成为最大股东。

荷兰西印度公司在非洲的奴隶贸易

十二年休战结束后，西班牙开始在自己控制的海域颁布了针对荷兰人的禁令。而此时大西洋航线上的热那亚人、吕贝克人与汉堡的德国人等，都纷纷开始参与到国际贸易（比如非法的奴隶交易）之中。

荷兰在成立西印度公司后，经过多年的努力，终于在西班牙控制下的殖民地站住脚跟，之后他们开始想尽各种策略，蚕食西班牙的贸易市场。

⊙ 埃尔米纳城堡前生锈的大炮

资本家们从欧洲出发，载着盐、酒和布来到非洲，等价交换成黑人奴隶，再通过大西洋到达美洲，把黑奴卖到美洲，换取粮食、钱或者是工业原料。当时由于奴隶贸易，使得非洲人口锐减，丧失了近亿的人口。

埃尔米纳城堡：比贩卖黄金更容易发财的地方

公元1481年，葡萄牙人埃尔米纳在非洲贝宁湾的加纳沿岸登陆，翌年开始修建城堡。当时在葡萄牙人皮鞭下干活的黑奴多达六七百人。城堡建成后，葡萄牙人以此为基地，大肆掠夺加纳黄金。在哥伦布发现美洲新大陆后，葡萄牙殖民者觉得贩卖黑奴要比贩卖黄金更容易发财，于是便开始了罪恶的奴隶贸易，埃尔米纳城堡便成为奴隶市场和囚禁奴隶的地方，遍及西非的奴隶步行数月被押送至此地。作为第一座位于西非几内亚湾的奴隶贸易所，埃尔米纳城堡见证了无数黑奴的“不归路”。

⊙ 埃尔米纳城堡

加纳在独立之前的近500年历史里，殖民者在这里修筑城堡，并以此为基地大肆从事掠夺黄金和贩卖奴隶的罪恶行为，该国最有名的埃尔米纳城堡就修建于这一时期。如今时过境迁，昔日的城堡被收入世界文化遗产名录，成为曾经血泪的见证。

公元1580年，西班牙国王腓力二世吞并了葡萄牙，埃尔米纳城堡这个财富之地也成了西班牙人的天下，虽然这里依旧是葡萄牙人在经营，但是却由西班牙人指派每一任总督。

公元1621年，荷兰西印度公司成立后，就盯上了埃尔米纳城堡，在西班牙换任的总督未到达之前，荷兰人从葡萄牙人手中抢到了埃尔米纳城堡，荷兰殖民者取代葡萄牙殖民者成了这里的主人。

埃尔米纳城堡有无数大大小小的奴隶堡垒，其中有葡萄牙人建立的，也有荷兰人建立的，成了关押和临时圈养奴隶的集中地。

库拉索（Culaçao，当地华人则称其为古拉索）岛位于小安的列斯群岛尾端，是一座在加勒比海南部、靠近委内瑞拉海岸的岛屿。该岛原为荷属安的列斯群岛的一部分，2010年10月10日后改制为荷兰王国的自治国。库拉索与邻近的阿鲁巴（Aruba）、波内赫（Bonaire）经常被合称为“ABC群岛”，它也是巴拿马运河贸易路线上的交通枢纽，是世界上最大的港口之一。

库拉索：奴隶贸易中心

公元1499年，西班牙探险家阿隆索·德·奥赫达来到了库拉索，他们大肆屠杀当地人，成了这里的主人。公元1634年，荷兰西印度公司占领了这座岛屿，然后在一个小海湾的堤岸上建立城堡。这里缺少金子和可以贩卖的农作物，但是却有天然的海港，可供不同商船停靠，于是迅速成了理想的贸易场所。

库拉索可以给来往于大西洋上的各国商船提供货物，加上荷兰在美洲大陆的委内瑞拉与哥伦比亚海岸有了优良的海港，而这些地方的商人也希望为自己的商品获得新的销路，于是纷纷来到库拉索寻找商机。

联合国把每年的8月23日定为废除奴隶贸易国际纪念日，让全世界重温奴隶制的历史及其造成的后果。

◉ 奴隶贸易

◉ 埃尔米纳城堡地下城“不归之门”

这是埃尔米纳城堡地下城“不归之门”，这个地下城只有一个入口和一个出口，从这里进入地下城的奴隶，只能从另外一个海边的出口直接被运走。在荷兰西印度公司的统治下，每年大约有3万名奴隶通过这里被贩卖到各地，直到公元1814年荷兰奴隶贸易被废除。

随着荷兰奴隶贸易的扩大，公元1662年，荷兰西印度公司将库拉索岛变成了一个奴隶贸易中心。荷兰商人从非洲买来奴隶，将他们囚禁于加纳的埃尔米纳城堡的地下城内，通过库拉索进行奴隶交易，最后将奴隶运到南美和加勒比地区的众多目的地。数量惊人的奴隶们就是在这里进行交易的。

后来荷兰又攻占了西班牙和葡萄牙控制的非洲安哥拉的罗安达和圣多美岛，并建立了军事据点，这样，荷兰商船就可以将非洲的据点贯通，便于他们集中运输、管理抓来的奴隶。

荷兰商人的蔗糖生意同样风生水起

荷兰商人不仅参与国际贸易（比如非法的奴隶交易），他们还参与了当时在欧洲非常紧俏的蔗糖贸易中。

当时巴西是供应欧洲蔗糖的主要产地，巴西自从被葡萄牙航海家卡布拉尔发现后，就一直是葡萄牙的传统殖民地。葡萄牙商人原本可以直接禁止荷兰商人来此贸易，可葡萄牙控制下的巴西种植园需要大量的奴隶进行劳作，而荷兰商人可以带来大量奴隶，解决了葡萄牙人的难题，于是，荷兰商人与巴西种植园主之间形成了微妙的默契。葡萄牙人小心谨慎地和荷兰商人进行着奴隶交易，但是，始终无法完全阻止荷兰商人对蔗糖财富的渴望。

据记载，公元1636—1645年，仅仅是安哥拉向巴西运送的奴隶总数大约为24 000人，也就是每年有超过2400名奴隶。

荷兰商人从巴西向欧洲运送的蔗糖会在法兰西、英国、波兰、瑞典、丹麦、波希米亚、奥地利、摩拉维亚、德国销售，往往被一抢而光。

抢劫蔗糖的意外收获

在征服巴西之前，荷兰商人垄断的只是奴隶贸易，荷兰商人要获得蔗糖，除了交易之外，更多的是在巴西海岸附近夺取葡萄牙商人的货物。

葡萄牙人第一次踏足巴西的地方就是巴伊亚，即现今的萨尔瓦多附近，后来葡萄牙人建城于萨尔瓦多，开始了巴西殖民时代的历史。萨尔瓦多保留着浓厚的巴伊亚文化，拥有葡萄牙天主教的教堂及建筑艺术，还有西非黑奴所留下来的非洲文化和土著色彩。

俘虏了 70 艘商船，获取了 3900 箱蔗糖

公元 1623 年，荷兰西印度公司在巴西俘虏了 70 艘葡萄牙商船，从而获取了 3900 箱蔗糖，以及巴西木料等战利品。葡萄牙商人向西班牙国王求援，不久之后，西班牙派舰队攻占了之前被荷兰侵占的巴伊亚，可这并不能打击荷兰商人抢夺蔗糖的勇气。

收获 2700 箱蔗糖

公元 1627 年，由荷兰西印度公司的董事皮特·海恩率领的荷兰舰队，在巴伊亚附近又劫掠了一些葡萄牙商船，收获了 2700 箱蔗糖和少许货物，但荷兰西印度公司并不满足于这点战利品，他们需要获得更多的蔗糖。

抢劫蔗糖，意外劫获 1500 万弗罗林的白银

公元 1628 年，皮特·海恩在哈瓦那附近的马坦萨斯海湾发现了一支西班牙运输队，于是他指挥荷兰舰队劫掠了这支西班牙运输队。在清点战利品时，皮特·海恩才知道这不是运载蔗糖的商船，但是却意外地收获巨大，原来这是一支西班牙白银运输舰队，船中装载着价值 1500 万弗罗林的白银，以及危地马拉的靛蓝和墨西哥的胭脂虫等货物，还包括其他很多贵金属。这笔巨大的财富不仅支援了尼德兰地区的军事行动，同时也鼓舞了荷兰人在巴西的进一步抢劫行为。

◉ 皮特·海恩

皮特·海恩（1577—1629 年），荷兰海军中将、荷兰西印度公司董事。公元 1597 年在海上被西班牙俘去，充当战船划船手 4 年。公元 1601 年荷兰与西班牙交换俘虏时获释。后为商船船长，积聚了大量财富。公元 1621 年成为荷兰西印度公司董事。

◉ 弗罗林

公元 1252 年热那亚和佛罗伦萨开始铸造名为弗罗林（florin）的金币，这种金币重 3.5 克左右，足金。弗罗林通过南欧日益重要的贸易线路进入西欧和北欧，成为后来大多数欧洲金币的原型。

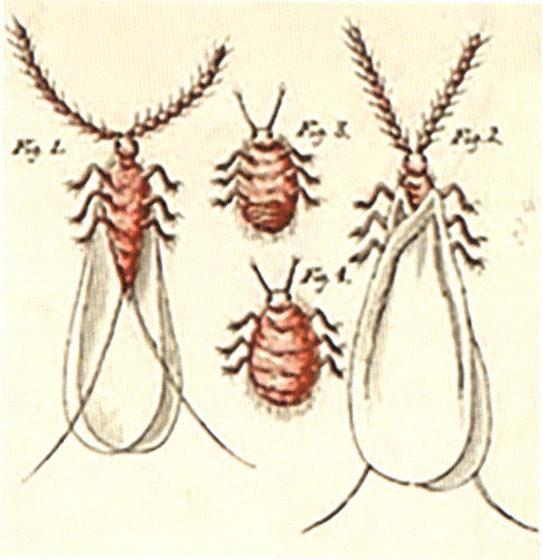

◉ 胭脂虫－古籍中的记录与采集胭脂虫

胭脂虫原产于墨西哥和中美洲，寄主为仙人掌类植物。虫体内含有体重 19%~24% 的洋红酸化学物质，可以作为理想的天然染料，其优点是抗氧化，遇光也不分解。

在西班牙人到达墨西哥和中美洲之前，胭脂虫已被当地人种养，用于制作染料。西班牙人把这种染料运到西班牙，获利颇丰，从而产生了一种行业。到了公元 1600 年，胭脂虫已成为墨西哥一种重要的出口产品，在产值上仅次于金银。

靛蓝类色素是人类所知最古老的色素之一，广泛用于食品、医药和印染工业。靛蓝作为织物染料的应用至少可追溯到公元前 2500 年。最初，靛蓝染料出自中国、印度、埃及等古老国家。随着大航海时代的到来，被来自新世界的靛蓝染料成功取代，危地马拉、萨尔瓦多一度成为靛蓝染料的供应大国。

抢夺安的列斯地区的种植园

当时荷兰治下的美洲也有部分土地开始种植甘蔗，但是种植面积太小，而且土地贫瘠，种植不出好的甘蔗，无法大规模地生产蔗糖，所以荷兰人想要获得蔗糖源头的甘蔗种植园。

抢谁都不是一件容易的事

荷兰人虽然通过抢劫可以空手套白狼地获得蔗糖，但这并不是长久之计。在整个安的列斯地区能抢谁呢？

巴巴多斯岛的背后有英格兰人；

马提尼克岛与瓜德罗普岛上有法兰西人；

而安的列斯地区除了有荷兰人、英格兰人、法兰西人，还有西班牙人、葡萄牙人、热那亚人、佛罗伦萨人、德国人等，这些人可都不是善茬啊。

我国战国时期荀况的千古名句“青，出于蓝而胜于蓝”指的就是靛蓝。

鉴于皮特·海恩为荷兰做出的贡献，公元 1629 年海恩成为荷兰海军中将，负责指挥共和国全部舰队。公元 1629 年 6 月，他率舰队肃清了北海地区的西班牙海盗，但他也在战斗中阵亡。

抢谁都不是一件容易的事，不过荷兰人却有老天眷顾。公元1492年西班牙驱逐的马拉诺犹太人中，有一部分逃入荷兰境内，而这些马拉诺犹太人都是提炼蔗糖的能手。

公元1492年，西班牙国王下令把所有不愿改变信仰的犹太人驱逐出境，而且不准他们带走金银财物。这些被驱逐的犹太人据说有20万。他们中少数人逃到意大利、葡萄牙和尼德兰，大部分来到了北非的摩洛哥和突尼斯、埃及等地，还有一些进入了奥斯曼帝国（后来这些犹太人为奥斯曼帝国的经济发展做出了杰出贡献）。

荷兰人通过技术控制了蔗糖贸易

荷兰西印度公司选择与马拉诺犹太人结盟，垄断了蔗糖提炼技术。公元1650年，荷兰人联合马拉诺犹太人，向安的列斯地区的种植园输入了蔗糖培育和精炼的技术。从此，在安的列斯地区，不管是法兰西人还是英格兰人想要炼糖，都不得不忍受荷兰西印度公司的盘剥。

当15世纪基督教重新征服西班牙之后，犹太人被强迫要求改变信仰。一些犹太人不得不接受洗礼，成了基督教徒，但私下仍秘密地保持着犹太教信仰，这些人被称为“马拉诺”。

⊙ 1889年油画：1492年被驱逐出西班牙的犹太人

公元1128—1394年，法兰西先后六次大规模地驱逐犹太人；
公元1290年，英王下令驱逐境内所有的犹太人；
公元1485—1492年，西班牙掀起驱赶犹太人的高潮；西班牙驱赶全国的犹太人，禁止所有的犹太人在西班牙生活，违者就会被处死。
……
历史上犹太人多次被欧洲各国驱逐，而尼德兰地区一直是宗教相对宽松的地区，这也是马拉诺犹太人得以在尼德兰地区生活而不被迫害的原因，这也许是马拉诺犹太人与荷兰商人合作的原因。

荷兰人通过技术很轻松地控制了蔗糖贸易，由此，荷兰西印度公司建立了以蔗糖为主的加勒比大西洋贸易。

要垄断蔗糖贸易绝不轻松

荷兰人通过技术控制了安的列斯地区的甘蔗种植园，独享着丰厚的贸易资源，这使得其他列强虎视眈眈。

英格兰人从很早的时候就开始购买食粮或者购买炼糖的副产品糖蜜，作为加工朗姆酒的原料，如果他们能完全掌握甘蔗种植园提炼蔗糖的技术，对于爱喝朗姆酒的英格兰人来说将会省下很大一笔开销。法兰西人除了垄断了烟草贸易之外，对蔗糖的巨大贸易市场也垂涎欲滴。西班牙人和葡萄牙人更是对荷兰人控制了安的列斯地区的蔗糖贸易而咬牙切齿。所以荷兰想要垄断蔗糖贸易，绝对不是一件轻松的事情。

为荷兰称霸世界做出了巨大贡献

虽然在非洲有大量的奴隶和蔗糖贸易，但是毕竟竞争激烈，而且贸易风险也比较大，和东方世界比，荷兰西印度公司的贸易产品远不如荷兰东印度公司的丰富和多样。

不过即使这样，荷兰西印度公司还是控制着美洲和非洲的奴隶和蔗糖贸易，还有皮毛、金属贸易，虽然没有荷兰东印度公司强大，但是也为荷兰称霸世界做出了巨大贡献。

◉ 朗姆酒桶

朗姆酒对于英国人的重要性，恰如啤酒对于德国人、伏特加对于俄国人。

第十二章
精明的荷兰人家有内患，外惹恼英格兰人

17世纪起，经过资产阶级革命而摆脱西班牙统治的荷兰，在短短几十年间迅速崛起，荷兰东、西印度公司傲人的成绩，使得荷兰的综合国力迅速超过许多欧洲国家。

在俄国和波罗的海沿岸，在北美殖民地和东亚，在地中海和西非沿岸地区，荷兰倚仗雄厚的资本，基本上垄断了这里的贸易，甚至连昔日曾经帮助过自己的英国也开始不放在眼里了，然而就在荷兰的发展顺风顺水的时候，其内部的权力斗争使得英国觉得有机可乘。

荷兰西印度公司放弃巴西

就在荷兰红红火火地经营着自己的海洋帝国时，出现了新状况。

500 年来在巴西落户的移民来自很多国家，加上不同民族之间的长期通婚，很多巴西人不知道自己的血统中各民族的成分各占几分，他们只是从自己的姓氏中能够猜出自己许多代之前的父系祖先曾是西班牙、葡萄牙人、荷兰人或是犹太人。

⊙ 巴哈要塞

巴哈要塞始建于公元 1598 年，是萨尔瓦多历史最悠久的建筑物之一，17 世纪时曾经被荷兰占领。

◉ 萨尔瓦多的圣弗朗西斯科大教堂

圣弗朗西斯科大教堂内部以黄金装饰，所以又有"黄金大教堂"的美誉。公元1552年，萨尔瓦多成为巴西的第一个天主教主教驻地，至今它依然是巴西天主教的一个中心。公元1572年教堂完工，今天这个教堂依然保存完好。公元1583年市内有1600居民，但很快萨尔瓦多就成长为新世界最大的城市之一。

萨尔瓦多是巴西东北的一座滨海城市，巴伊亚州的首府。萨尔瓦多很长时间里直接被称为巴伊亚，20世纪中前期的许多书和地图中被标为巴伊亚（比如在丹尼尔·笛福著的《鲁滨孙漂流记》中）。今天，当地许多人依然将巴伊亚作为萨尔瓦多的称呼。

荷属巴西总督很重视这块地盘

早在公元1500年葡萄牙航海家卡布拉尔在去往印度途中"意外发现"巴西，不过因为巴西没有黄金和香料，所以葡萄牙人并没有将这里放在心上，只是偶尔派两艘舰船过来宣示所有权而已。但是法国不这么看，于是趁葡萄牙人不注意占领了巴西的北里约格朗德地区、累西腓以北地区以及圣路易斯等地，并且越来越多的法国人涌向这里。而葡萄牙在17世纪初实力下降，接连丧失了许多海外殖民地，此时也开始逐渐殖民巴西，开垦种植园，于是和法国产生了矛盾。公元1615年，葡萄牙派兵将法国人都赶出了巴西。

公元1558年，随着奴隶们抵达萨尔瓦多到甘蔗园工作，这里成为新世界第一个奴隶市场。

◉ 巴西甘蔗林

殖民者为当地的印第安人带来了灾难，但是也为累西腓带来了繁荣。片片甘蔗林撑起了累西腓的历史，累西腓所在的伯南布哥地区更是有"南美糖罐"之称。

⊙ 莫里茨皇家博物馆

莫里茨皇家博物馆位于荷兰海牙，这是荷属巴西总督奥兰治家族的莫里茨回国前命人在荷兰海牙建造的（1636—1641 年）。该博物馆是荷兰最受欢迎的博物馆之一，也被称为荷兰油画博物馆。

累西腓始建于公元 1548 年，原为葡萄牙伯南布哥辖区首府奥林达的小港口。公元 1630—1654 年被荷兰占领，作为其殖民地的首府。其后成为沿海甘蔗种植园地带及其内地农牧区的贸易中心。

此时的荷兰已经通过战争摆脱了西班牙的统治，而且荷兰东、西印度公司成绩不菲，整个荷兰士气正旺，于是在公元 1624 年 5 月，荷属巴西总督奥兰治家族的莫里茨率荷兰海军 26 艘军舰，共 450 门大炮，攻占了葡萄牙在巴西（东部）的总督所在地萨尔瓦多。此时葡萄牙附属于西班牙，所以在强大的西班牙军队帮助下很快又夺回了萨尔瓦多。

荷兰虽然被打败了，但是并没有放弃对巴西的进攻，在与葡萄牙的拉锯战中，累西腓地区成了荷兰的地盘。莫里茨很重视这块地盘，想把累西腓建设成当时南美洲首屈一指的重镇（葡萄牙夺回萨尔瓦多后，却开始和西班牙发生战争，所以对荷兰占领累西腓的行为，葡萄牙只能暂时装看不见）。

⊙ 荷属巴西总督莫里茨

⊙ 累西腓彩牛

累西腓彩牛飘过大河

17 世纪的时候，荷兰统治者控制着累西腓。荷属巴西总督莫里茨在市中心建起了巴西第一座大桥，但财政也因此被消耗一空。荷兰西印度公司的股东们纷纷指责莫里茨。为了尽快获得资金继续建设累西腓，莫里茨想了一个办法：在新年前夕，他在桥的两端设立了收费站，需交费才能通过大桥，同时放出消息“在新年前夜跨过大桥，就能看到一头神牛从河上飞过，而且能得到神牛的庇佑”。就在过年前一夜，老百姓摩肩接踵过桥去看飞牛，莫里茨收足了钱以后，将一头假牛通过连在两岸树梢上的绳索拽过了河，让老百姓大呼上当。这解决了莫里茨的财政缺口，也堵住了荷兰西印度公司股东的责难。

这虽然是一个谎言，但是这个谎言却成就了累西腓地区独特的新年风俗——每当新年都会有彩牛飘过大河。

荷属巴西总督被召回

莫里茨动用大笔资金在巴西的累西腓大搞基础建设，以期待“荷属巴西”成为欧洲海外殖民城市发展的标杆和模范，但是这损害了荷兰西印度公司股东们的利益，作为股东，他们认为那些富丽堂皇的仿古希腊建筑过于奢侈，公司没有理由为满足莫里茨的个人爱好而买单。

莫里茨作为荷属巴西总督，在他眼里累西腓是他的作品，他想把它打造成标杆和模范。然而，荷兰西印度公司的股东们只是商人，在他们看来，“荷属巴西”不过是一笔生意，每一枚金币投入都应该产生巨额的收益，因此双方观点有分歧，加之荷兰西印度公司在累西腓并没有赚到钱，从而激化了双方的矛盾。

公元 1644 年 7 月，年迈的荷兰执政弗雷德里克·亨德里克将时年 40 岁的弟弟莫里茨召回国，辅助其继承人威廉二世。

⊙ 19 世纪老照片：印第安人

印第安人是美洲大陆最古老的居民，主要分布在三大地区：一是墨西哥东南部和中美洲（危地马拉和洪都拉斯等地）的玛雅人；二是墨西哥高原的阿兹特克人、托尔特克人以及萨波台克人；三是南美安第斯山区（包括秘鲁、玻利维亚和厄瓜多尔）的印加人。

◉ 弗雷德里克·亨德里克

弗雷德里克·亨德里克（腓特烈·亨利），尼德兰政治家和军事统帅，联省共和国执政（1625—1647年在位）。他的封号包括奥兰治亲王和拿骚伯爵。他是莫里斯的弟弟，莫里茨的哥哥。

“荷属巴西”的梦想破灭

在莫里茨离开巴西后，荷兰西印度公司在“荷属巴西”成立了三人议会，颁布了一些经济与管理相兼容的法令，但是这个决定几乎得罪了“荷属巴西”的所有阶层，接着三人议会又下了一道决议——削减军费，这一下麻烦大了。

葡萄牙已经在公元1640年摆脱了西班牙而独立，一直在谋求翻身的机会，荷兰西印度公司削减军费，导致整个“荷属巴西”内部动荡，让葡萄牙看到了机会。公元1645年，葡萄牙贵族联络巴西当地的贵族和印第安部落，迅速包围了荷兰位于累西腓的首府，切断了它与外界的联系。

此后，荷兰西印度公司的财务状况日益恶化，终于在公元1654年1月26日宣布放弃累西腓。巴西的蔗糖贸易和种植园再次丰富了葡萄牙王国的金库，而荷兰在美洲的殖民地被压缩到最小状态，至于“荷属巴西”的梦想也随之破灭了。

八十年战争的参战双方都派出了强大舰队进行海上对战，疲于战事的西班牙节节败退，最终被迫和谈，在公元1648年与联省共和国签订合约，至此，联省共和国获得了完完全全的独立，即荷兰成功建国。

◉ 荷兰执政威廉二世

⊙ **荷兰王室王旗**

上图中4角的蓝色号角就是奥兰治家族纹章，而中间的狮子代表的是拿骚家族。

荷兰的“无执政时代”

荷兰执政弗雷德里克·亨德里克死后，荷兰国内政局再次动荡了起来，各方势力蠢蠢欲动。

新上任的威廉二世

亨德里克仿效其他欧洲国家的君主专制制度，于公元1631年借助《继承法案》使共和国执政一职由奥兰治家族世袭，其子威廉二世是法定继承人，因为国内议会对这种世袭制颇有微词，所以他趁“荷属巴西”动荡的时候，将奥兰治家族的莫里茨召回国，辅助其继承人威廉二世。自公元1647年起，威廉二世任尼德兰各省（菲仕兰省除外）的都统。亨德里克死后，威廉二世继承了奥兰治亲王称号，同时继承了父亲亨德里克的荷兰陆海军总司令的职务。

公元1648年，《明斯特和约》和《威斯特伐利亚和约》的签订宣告八十年战争的结束，至此荷兰才实现完全独立。然而因为没有西班牙这个最大对手了，以各地方议会的商业寡头为代表的地方自治派极力主张削减军队的权力。而以奥兰治家族及其支持者为首的贵族则主张维持一支强有力的军队以保证中央集权，新上任的威廉二世要面对的是反对世袭者对自己权力的挑战。

荷兰由此进入了“无执政时代”

各地方议会与奥兰治家族之间的权力斗争开始了。威廉二世私下与法国联盟，意图对抗崛起的英国，然而各地方议会拒绝支持威廉二世，还解散了部分军队。这让威廉二世很愤怒，决定用武力控制国会，随即派出 10 000 亲兵包围了阿姆斯特丹，逮捕了 6 名与他作对的议员，并将他们囚禁在卢夫斯坦城堡中。

威廉二世的这个举动激化了与各地方议会的矛盾。荷兰议会迅速集结民兵，准备与威廉二世正面交锋。公元 1650 年，威廉二世离奇病逝，这使得国内战火未能燃起（一种说法是威廉二世突染天花而死，另一民间说法则宣称他死于谋杀）。

威廉二世死后 8 天，其遗腹子威廉三世出生，尽管威廉二世曾有遗嘱要传位于自己未出世的儿子，但是荷兰议会却不管不顾。

公元 1651 年，反对世袭的政治势力在海牙召开各省代表参与议会，宣布废除执政，改行“联省共和制”，荷兰由此进入了第一次“无执政时代”。

◉ 卢夫斯坦城堡

如今的共和国，取代了之前的共和国

虽说过去也是“共和国”，现如今还是“共和国”。但是，过去奥兰治家族以执政的身份，通过操作联省政务院左右着共和国的走向，而如今各省议会成为地区最高权力机构，由联省议会的头脑人物选举形成一个名为“摄政者”的寡头阶层，荷兰由原来的“联邦制”，变成了如今的“邦

◉ 自治派的代表德维特——荷兰电影《海军上将》剧照

联制”。虽一字之差，含义却谬之千里。在第一次“无执政时代”，荷兰的防务实际上由各省代表选举出的自治派的代表德维特主持，他也以防范奥兰治家族的东山再起为己任。

而原来手握重权的奥兰治家族，有人回归故里，也有人远走他乡。公元 1652 年，曾经担任过“荷属巴西”总督的莫里茨，被选为医护骑士团勃兰登堡大团长，为将来奥兰治家族重返荷兰积蓄力量。

曾经的盟友英国开始敌视荷兰

“荷属巴西”的梦想虽然破灭了，但是这并不妨碍荷兰对海洋贸易的垄断，在一次次地损害英国的利益后，英国决定找麻烦了。

早先，因为有着共同的敌人西班牙，在八十年战争中英国曾投入大量的金钱和部队支援荷兰。然而，随着西班牙实力的衰退，双方敌对关系的缓解，以及荷兰的贸易范围及贸易量的稳步增长，英国和荷兰这两个曾经亲密无间的盟友的关系渐行渐远。

17 世纪上半叶，荷兰的航海、殖民优势，特别是海洋贸易的垄断权，对英国的商业发展与殖民扩张是一个直接的威胁。

在东方，特别是 17 世纪下半叶，英国东印度公司的印花棉布贸易迅速扩展，荷兰仗着资本雄厚，开始压制、排挤英国商人，使得英国商人的活动受到了限制。

在西方，由于荷兰船只封锁了同波罗的海诸国的贸易，造成英国造船业严重缺乏必需的木材、大麻、树脂等原材料。

⊙ 荷兰“波里得罗德”号

“波里得罗德”号于公元1646 年在鹿特丹建造，重达 1646 吨，装备有 54 门炮，是第一次英荷战争期间荷兰海军舰队的旗舰。在公元 1658 年的斯海弗宁恩海战中被瑞典人击沉。

在公元 1623 年的安汶岛惨案中，10 个英国人、9 个日本人和 1 个葡萄牙人在安汶岛被荷兰人残忍杀死，标志着在东方荷兰人对英国人的“仇恨达到了顶点”。

⊙ 1600—1707 年的英国东印度公司旗帜

英国东印度公司创立于公元 1600 年，最初的正式全名是“伦敦商人在东印度贸易的公司”。英国王室给予一群有创业心和有影响力的商人对东印度的 15 年的贸易专利特许。

此外，在北美殖民地，在地中海和西非海岸，英国势力到处受到荷兰的排挤。最令英国不能容忍的是，荷兰竟然在英国附近水域肆意捕捞鱼虾等水产品，甚至还把这些水产品运往英国市场上高价出售，牟取暴利，直接打击了英国捕鱼业。英、荷两国在海上贸易、争夺殖民地和捕鱼业上的矛盾，致使两国关系急剧恶化。

◎ 纳西比战役

公元1645年6月，英国国会军与王军在纳西比附近展开决战。克伦威尔指挥“新模范军”骑兵大败王军，取得胜利。这次战役为国会军在第一次英国内战中获胜奠定了基础。

大麻的品种很多，古时船用大麻一般有蕉麻、剑麻

蕉麻，多年生草本植物，又称马尼拉麻，热带纤维作物，原产菲律宾。厄瓜多尔和危地马拉等国有少量种植。从叶鞘中取纤维 。硬质纤维，耐水浸，拉力大。用于织渔网、绳索、麻布或包装袋等。

剑麻又名波罗麻，叶片是制造耐水麻绳的良好材料，拉力强、耐水湿、耐摩擦，在咸水中不易腐烂，是渔业和航运业所用麻绳的材料。

◎ 蕉麻

◎ 剑麻

《航海条例》成第一次英荷海战导火索

随着英国日渐强大，有了与荷兰海军抗衡的实力了，于是针对荷兰对海洋贸易的垄断，英国颁布了《航海条例》。

⊙ 克伦威尔

克伦威尔是 17 世纪英国资产阶级革命中独立派的首领。克伦威尔生于亨廷登，信奉清教思想。在公元 1642—1648 年两次内战中，先后统率“铁骑军”和新模范军，战胜了王党的军队。1649 年，在城市平民和自耕农压力下，处死国王查理一世，宣布成立共和国。公元 1653 年，建立军事独裁统治，自任“护国主”。

荷兰帮助了克伦威尔的敌人——过去的国王查理一世

荷兰除了在海洋贸易方面伤害了英国的利益，另外英国对荷兰仇视还有一个直接原因：当初英国内战的时候，荷兰帮助了英国国王查理一世，对抗反对派领袖克伦威尔，后来，英国的几场战役之后（其中最有名的一场战役就是纳西比战役），克伦威尔掌握了英国国会的军事力量，使英国形势向有利于革命的方面转化。不久，查理一世成了国会的阶下囚，以叛国罪于公元 1649 年 1 月被判处死刑。封建专制的英国变成了资本主义议会制的英国。英国从此走上了资本主义道路。

英国开始渐渐强大了起来

17 世纪中叶，荷兰开始在欧洲建造最大的贸易商船，荷兰的商船数量慢慢地超过其他欧洲国家的总和，荷兰的经济植根于海洋贸易上，这个时期，荷兰海军在不断增强，让荷兰成为欧洲的霸权国。

同时，英格兰海军也在呈几何倍数增长，尤其是在公元 1659 年克伦威尔远征爱尔兰和苏格兰取得胜利之后，将这两国并入英格兰版图，使英国的经济和政治实力大大加强。尤为重要的是，此时克伦威尔拥有了与荷兰相对抗的有效工具：一支强大的海军。这为英国实施新的殖民扩张政策，争夺海洋霸权奠定了基础，英国对荷兰的态度也变得强硬起来。

《航海条例》矛头指向荷兰

为了争夺海权，挤压荷兰在海洋贸易和航运中的份额，同时也希望能够加强对英属殖民地的经济控制，公元 1651 年 8 月 5 日，克伦威尔向英格兰议会提交了《航海条例》，随即获得通过并公开实施。

⊙ 英荷对峙之外的法国与法国大主教

◉ 油画：1660年英国议会就《航海条例》实施辩论

公元1651年，英国颁布《航海条例》，公元1660年经过英国议会辩论后，又补充了许多内容。

《航海条例》主要内容如下：

(1) 只有英国或其殖民地所拥有、制造的船只可以运装英国殖民地的货物。

(2) 政府指定某些殖民地产品只准许贩运到英国本土或其他英国殖民地，包括烟草、糖、棉花、靛青、毛皮等。

(3) 其他国家的制造产品，必须经由英国本土，而不能直接运销殖民地。

(4) 限制殖民地生产与英国本土竞争的产品，如纺织品等。

很明显，《航海条例》矛头指向了同是海洋强国的荷兰，不可避免地导致英荷两个海洋贸易强国之间将发生商业战争，荷兰一方面表示拒绝接受英国的《航海条例》，另一方面努力与英国谋求和平解决的方案，多次谈判均无结果。

公元1651年12月底，荷兰再次派出外交使团抵达伦敦，恢复了原先中断的英荷谈判。当谈判正在进行时，英荷两国的军事冲突发生了。

◉ 油画：第一次英荷对峙

第十三章

第一次英荷战争

随着英荷两国矛盾加深，英荷两国间的海上冲突逐渐增多，英国海军强迫在英国管辖的海域航行的各国军舰和商船需要向遇到的英舰致敬并降旗，导致与荷兰海军的冲突，第一次英荷战争爆发。

英荷多佛尔海战爆发

荷兰海军向英国军舰开火

公元 1652 年 5 月的一天，英国海军上将罗伯特·布莱克率领 20 多艘军舰在多佛尔海峡巡逻，正巧碰上了为荷兰商船护航的由荷兰海军上将马顿·特罗普率领的舰队。

◉ 多佛尔海战－刻板画

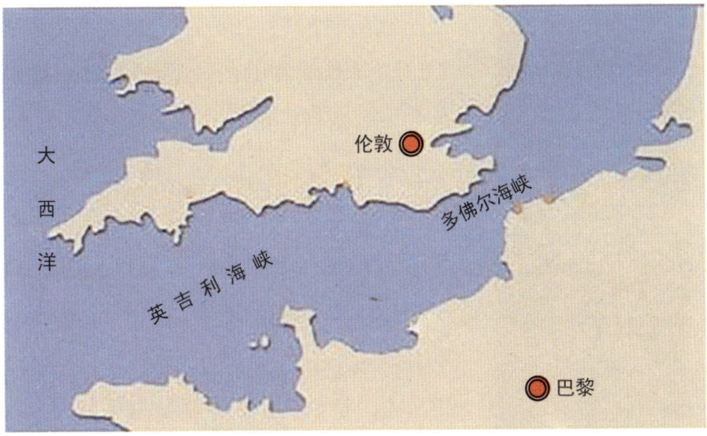

◉ 多佛尔海峡位置

多佛尔海峡在英伦海峡的东部地区，位于英伦海峡与北海的接触点。多佛尔海峡的宽度是英国与法国间最短的。多佛尔海峡是欧洲到美洲、非洲航线的必经之路，是当时重要的水道。

依照惯例，英国的布莱克上将要求荷兰舰队向其致敬，但是此时的荷兰海军向英国军舰举起拳头，于是双方积蓄的恩怨一下子爆发出来。

马顿·特罗普率领荷兰舰队与布莱克统帅的英国舰队在多佛尔海面爆发冲突，经过长达 4 小时的激烈炮战，荷兰人损失了 2 艘战舰，英国主帅布莱克的旗舰遭受损伤。

第一次英荷战争的大幕就此拉开。

英国对荷兰的海洋贸易进行打击

公元 1652 年 7 月，英荷两国正式宣战，英国扼守住多佛尔海峡和北海，这是荷兰从事海洋贸易的主要通道。英国要采取切断荷兰对外联系的办法来逼迫荷兰投降。

同时，英国深知荷兰的生存之本在于海洋贸易和渔业生产。于是，英国海军上将布莱克指挥英国海军大肆洗劫荷兰商船，甚至远离军港到北海袭击荷兰的捕鱼船队；去苏格兰北方拦截荷兰东印度公司的运宝船；入波罗的海破坏荷兰与北欧的海洋贸易。

◉ 硬币上的荷兰海军上将马顿·特罗普

英军被迫退入泰晤士河

英荷双方在两国海域、地中海、松德海峡和印度洋同时进行多场战斗，各有胜负，但是英国

海军对荷兰商船的海盗行为，使得成千上万艘满载货物的荷兰商船被迫停在港内而不敢擅自出港。

公元 1652 年 12 月 1 日，荷兰海军上将特罗普亲率舰队出海，护送 300 余艘荷兰商船前往大西洋，12 月 10 日，商船队行至邓杰内斯附近，与布莱克率领的英国舰队相遇，于是展开了海战，即邓杰内斯海战（或称达格尼斯海战），英军损失惨重，被迫退入泰晤士河。

◉ 荷兰海军上将马顿·特罗普

马顿·特罗普，荷兰海军统帅，荷兰共和国最伟大的海军上将之一。是荷兰与西班牙、英国的历次海战中军衔最高的海军指挥官（1636 年起）。他在唐斯海战中击败西班牙舰队，使西班牙海洋霸权的地位渐趋式微。

◉ 邓杰内斯海战

英格兰扼守住多佛尔海峡后，牢牢地控制住了荷兰从事海洋贸易的主要通道。荷兰不断挑战英国的封锁，均未能成功，这让英国对荷兰放松了警惕，认为荷兰对英国已不再构成威胁，于是派出 20 艘舰艇去往地中海寻找财富。而这时由于长期作战，大量英国船只仍在修理和维护中，再加之拖欠水手薪水，导致水手不满，这使得英国在自己周边海域的控制能力大大削弱了，导致英国在邓杰内斯海战中战败。

对于这场战争，一位即将离任的荷兰驻英外交官说：“英国人即将袭击一座金山，而我们即将袭击一座铁山。”这样的忧虑不无道理。但是狂热的荷兰海军却信心满满，以为胜利唾手可得。

越打越没底的第一次英荷战争

从战争开始阶段来看，荷兰海军拥有绝对的海上优势，荷兰海军信心满满，但是随着战争的“处处开花”，战局开始朝着有利于英国的方向而去。

第一次英荷战争期间，英国方面制定的战略主要是控制多佛尔海峡和北海，切断荷兰与外界的一切联系，迫使荷兰人投降。为此，英国海军制定了集中强大舰队拦截通过海峡的一切荷兰船只的战术，以确保绝对制海权。

英国全面备战

英国曾因为支持荷兰对抗西班牙而与西班牙发生英西战争，直到公元1604年才与西班牙签订停战协议，这场战争不光消耗了西班牙的财政，同样也对英国财政造成了相当程度的负担，此后英国进入了40年的萎靡期。直到克伦威尔将军上台，才使得英国国力渐渐恢复。

如今为了打破荷兰的海洋贸易垄断，英国将全部税收都供给军用，英国泰晤士河的船坞每日都在紧张地建造军舰，使英国的海军数量及火力配置成爆炸式发展，短时间内完全优于荷兰海军。

英国海军通过与荷兰海军的较量不断完善自己的作战能力，在战术上也有了长足的改进。比如，英国海军在公元

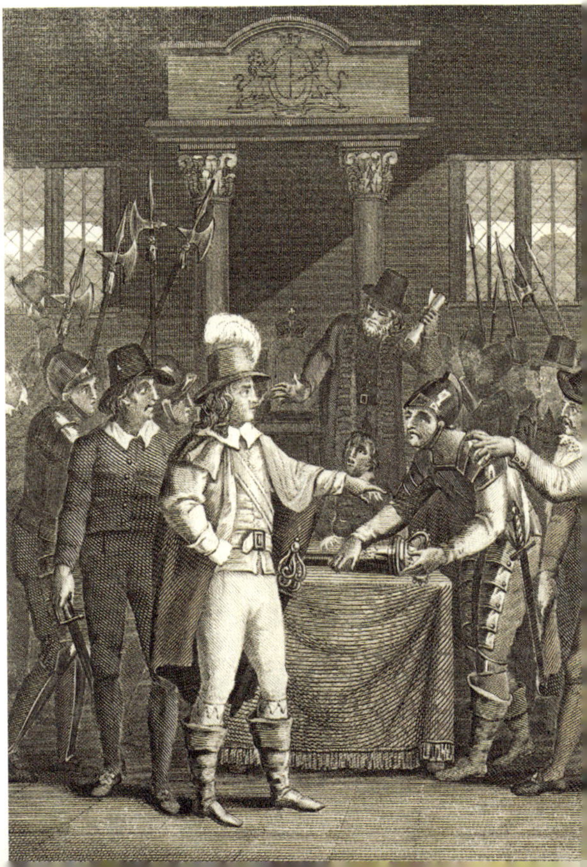

◉ 克伦威尔将军解散议会 - 刻板画

克伦威尔全名奥利弗·克伦威尔（Oliver Cromwell，1599—1658年），英吉利共和国护国主，英国政治家、军事家、宗教领袖。

公元1653年，克伦威尔驱散议会，当时的国王查理一世成了阶下之囚，而克伦威尔则被认为是议会方面最成功的将军。他自任“护国主”，但国内经济状况不断恶化，阶级矛盾日趋尖锐，克伦威尔始终未能稳定局势。公元1658年病死，享年59岁。

第一次英荷战争期间，荷兰方面制定的战略是以强大的舰队为商船护航，强行通过多佛尔海峡，确保与外界的联系。

1653 年编制的《舰队战斗队列改进条令》大大提高了英国舰队协同作战、相互保护的能力。

同时英国还加强海军训练和管理：改善水兵的薪饷膳食；制定所谓的“奖金”制度，犒劳俘虏或击沉敌舰有功的士兵；还专门从陆军中选出士兵担任职业海军军人，并任命经验丰富的职业军官指挥海军。

随着战争的深入，英国越打越有后劲，军队的战斗力和士气也稳步提升。

对于荷兰来说，战争只是手段，经济才是关键

再看荷兰，从 17 世纪中叶开始，荷兰就建造了欧洲最大的贸易商船，荷兰的船只数量超过欧洲其他国家的总和，海洋贸易和航运支撑着荷兰的经济命脉，所以战争不可能大过贸易。再加上每日大量商船队经过英吉利海峡，而且商船上几乎很少配置武力，都必须有海军战舰的护航，这大大牵制了荷兰海军的力量，使其战斗力明显受到削弱。

荷兰海军的战术是：当在海上遭遇敌船时，抢占上风方向，向敌舰逼近，然后登上敌舰进行肉搏战。舰队行动时分成小队，依次向敌船逼近，以避免战舰相互碰撞。这种陈旧的战术显然不能适应新形势下的海战。

◉ 火枪手

在 17 世纪的欧洲，步兵已经开始使用火枪。这种枪使用起来极为不便，它必须从枪口装子弹，要用引火线点火才能发射，遇上风雨，枪就没有任何作用了，打完一发子弹以后，必须重新从枪口装子弹，非常麻烦。

荷兰越打越没信心

这个时期，荷兰的奥兰治家族被排挤，荷兰内政混乱，所以英国对荷兰的打击更加凶猛。

英军重创荷军，并封锁荷兰海岸

公元 1653 年 2 月，当获悉特罗普将率 80 艘战舰护送 200 艘商船通过英吉利海峡返航的信息后，布莱克立即率领英国战舰追击。

双方在波特兰岛附近展开三天的海战，尽管指挥此战的特罗普将军在与法国海盗和西班牙海军的长期作战中积累了丰富的海战经验，具有很高的统率

◉ 波特兰海战

波特兰海战中英国舰队虽然击败了荷兰海军，但是荷兰海军护送的大部分商船均脱离了英国海军的围剿和封锁，安全回到本国。这次海战荷兰虽败犹荣。

艺术，荷兰水兵的战斗素质也比较高，但各舰常常缺乏协调能力，加之装备、数量方面的欠缺，以致在军事方面处于劣势。装备有先进火炮的英国舰队在波特兰海战中击败了荷兰舰队。同年 6 月，英国海军舰队对荷兰海岸进行封锁。

荷兰虽然战胜英军，但是海军上将战死

当年 8 月，英国海军舰队开到了离荷兰不远的斯海弗宁恩海域，企图劫掠荷兰商船。特罗普获悉消息后，亲自率领舰艇前去迎敌。特罗普将荷兰舰队分成两队，从两个方向夹击英军，双方爆发了斯海弗宁恩海战，英国舰队被荷兰海军击败，奋力抵抗下逃脱，此战虽然荷兰取得了胜利，但是荷兰海军上将特罗普却在海战中牺牲。

这使得荷兰人对战争更加灰心。

有资料显示：第一次英荷战争开战不到 2 年，荷兰就被英国俘虏了 1700 多艘商船，海军水手死伤不计其数，并且由于英国对海洋封锁，致使荷兰国内的粮食、肉类供应中断，社会矛盾险些激化。当时阿姆斯特丹街道上杂草丛生，乞丐遍地，将近 1500 所房屋无人居住。

签订《威斯敏斯特和约》，英国初战告捷

荷兰人骨子里始终是个商人，他们并不想战斗，于是开始与英国人秘密举行谈判。

公元 1653 年 11 月，英国的克伦威尔两次亲自主持谈判，为的是能够将英国的利益扩大，他甚至曾希望将英荷两国合并，

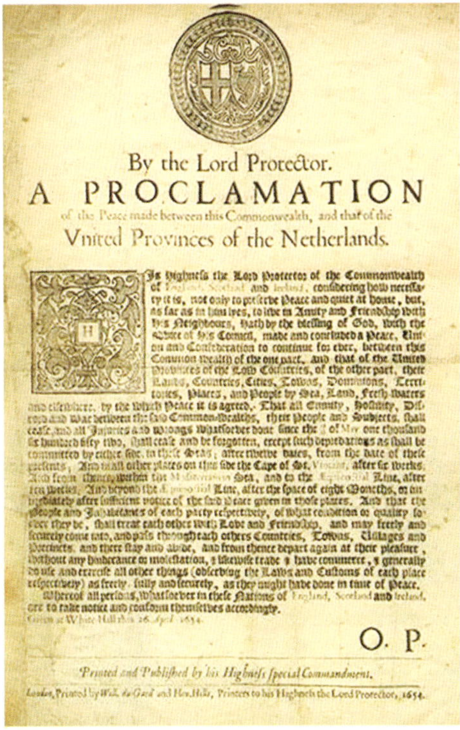

By the Lord Protector.

A PROCLAMATION

of the Peace made between this Commonwealth, and that of the

Vnited Provinces of the Netherlands.

HIs Highness the Lord Protector of the Commonwealth of England, Scotland and Ireland, considering how necessary it is, not only to preserve Peace and quiet at home, but, as far as in him lyes, to live in Amity and Friendship with his Neighbours, hath by the blessing of God, with the advice of his Council, made and concluded a Peace, Union and Confederation to continue for ever, between this Common-wealth of the one part, and that of the United Provinces of the Low Countries, of the other part, their Lands, Countries, Cities, Towns, Dominions, Territories, Places, and People by Sea, Land, Fresh-waters and elsewhere, by the which Peace it is agreed, That all Enmity, Hostility, Discord and War between the said Common-wealths, their People and Subjects, shall cease, and all Injuries and wrongs whatsoever done since the [illegible] of May one thousand six hundred fifty two, shall cease and be forgotten, except such depredations as shall be committed by either side, in these Seas, after twelve dayes, from the date of these presents; And in all other places on this side the Cape of St. Vincent, after six weeks; And from thence, within the Mediterranean Sea, and to the Equinoctial Line, after ten weeks; And beyond the Equinoctial Line, after the space of eight Moneths, or immediately after sufficient notice of the said Peace given in those places. And that the People and Inhabitants of each party respectively, of what condition or quality soever they be, shall treat each other with Love and Friendship, and may freely and securely come into, and pass through each others Countries, Towns, Villages and Precincts, and there stay and abide, and from thence depart again at their pleasure, without any hinderance or molestation, and likewise trade and have commerce, and generally do use and exercise all other things (observing the Laws and Customs of each place respectively) as freely, fully and securely, as they might have done in time of Peace.

Whereof all persons, whatsoever in these Nations of England, Scotland and Ireland, are to take notice and conform themselves accordingly.

Given at White-Hall this 26. April 1654.

O. P.

Printed and Published by his Highness special Commandment.

London, Printed by Will. du-Gard and Hen. Hills, Printers to his Highness the Lord Protector, 1654.

⊙《威斯敏斯特和约》—1654 年

安汶岛大屠杀

安汶岛是一个位于印度尼西亚马鲁古群岛南部的小岛，位于班达海北岸，塞兰岛西南边。

葡萄牙为了丁香贸易，于公元 1521 年建立安汶岛殖民点。公元 1605 年荷兰东印度公司赶走葡萄牙人接收了香料贸易，公元 1615 年英国人也在岛上建立了一处据点。英国和荷兰两国为了夺取东印度群岛上的香料货源及生产地摩擦不断。公元 1623 年年初，荷兰驻安汶岛总督获得情报，说英国商人勾结日本海盗，欲对总督府发动攻击并加害他，于是，荷兰驻安汶岛总督下令逮捕了嫌疑分子，通过当地法庭宣判，10 名英国人、9 名日本人和 1 名葡萄牙人被处决。随后荷兰驻安汶岛总督命人没收了英国人设在安汶岛的工厂，摧毁英国人定居点，将大部分英国商人赶走，使得当地土著在荷兰人的统治下深受苦难。公元 1654 年在英国克伦威尔将军与荷兰人签订的《威斯敏斯特和约》中，约定荷兰当局赔偿 30 万荷兰盾给那些安汶岛大屠杀中受害者的后裔。

但这显然不可能。因为荷兰为了独立，打了那么多年的仗才摆脱了西班牙。

第一次英荷战争虽然对荷兰有些影响，但不足以使荷兰放弃海洋贸易，荷兰的海军实力仍然不容小觑，双方经过半年的谈判，于公元 1654 年 4 月 15 日签订了《威斯敏斯特和约》。和约规定：

（1）双方实现和平。荷兰人不得同欧洲以外的英国岛屿和殖民地通商，英国也不得同欧洲以外的荷兰岛屿和殖民地通商；

（2）荷兰必须惩办在安汶岛大屠杀中杀害英国人的罪犯，并赔偿受害者；

（3）成立两国代表组成的混合仲裁委员会，以确定 1611—1652 年 5 月 18 日之间在世界范围内相互造成的损失，并限期做出裁决；

（4）在对受难者不给予法律保护的情况下，可以发给私掠船合法证书。

该条约还有个附加的秘密条款（即《排除法案》），规定荷兰声明不选举奥兰治亲王为荷兰执政，和约的签订标志着第一次英荷战争正式结束。

第一次英荷战争结束了，但这只是英荷两国争夺海洋和商业霸权的开始，并没有从根本上解决两国之间的政治和经济矛盾。

战后，荷兰虽然默认了英国颁布的《航海条例》，但是《航海条例》对荷兰的海洋贸易和航运业造成的损失是巨大的，使得荷兰在全世界贸易中所占的份额逐渐下降。

第十四章 第二次英荷战争

由于英国长期处于战争状态，国内及整个欧洲都缺乏足够的船只来取代荷兰的商船，加上荷兰想方设法冲破或逃避英国《航海条例》的限制，因此英国在公元1651年颁布的《航海条例》的执行并未产生预期效果，甚至根本就未得到认真的执行。所以第一次英荷战争之后，英国的“好战分子”正在等待机会对荷兰实行另一次打击。

英国新《航海条例》

第二次英荷战争的导火索依然是英国和荷兰两国间的海洋争霸和贸易纠葛，英国这次的野心更大了，试图终结荷兰对世界贸易的控制。虽然英国在战争开始取得了一些胜利，但第二次英荷海战以荷兰的胜利而告终。

战败国荷兰卧薪尝胆

第一次英荷战争结束之时，虽然英国赢得了战争，并摧毁了大量荷兰船只，但是荷兰的财政状况比英国好得多，因此荷兰很快就继续扩充了海军舰队，以弥补战争中的损失。

由于战败的原因，荷兰一直在卧薪尝胆，寻求重新夺回制海权的时机，此时德·鲁伊特海军上将成为荷兰海军统帅，他励精图治，改组海军，并重整了海军的战略思想，即以海军主力寻求与英国舰队决战的机会，夺取制海权。

◉ 德·鲁伊特

德·鲁伊特，全名米歇尔·阿德里安松·德·鲁伊特，是荷兰历史上著名且最优秀的海军上将，英荷战争中的灵魂人物，他在同英国人和法国人的作战中赢得过多场胜利，是荷兰历史上最负盛名的“海上杀手”，也是最令英国人闻风丧胆的“恐怖者”。他死后，荷兰海军便迅速衰败下去。

查理二世继位后，英国恢复君主制。他的第一个行动就是重建海军，海军不再是君主的个人财产，取而代之的是成为一个国家机构，并赋予“皇家海军”的称号。

在这种战略思想的指导下，荷兰加紧建造大型战舰。到公元1664年，荷兰海军已拥有103艘大型战舰，火炮4869门，官兵21 631人。

◎ 克伦威尔的面模

据悉在沃里克古堡以及伦敦博物馆内藏有克伦威尔真实而古老的面模，这个面模是用石膏制成的。曾被当成艺术品，估价1000英镑。

战胜国英国海军战斗力被严重削弱

英国虽然是第一次英荷战争的战胜国，但是日子并不好过。首先，在经济上，由于贸易方式是以关税为基础的，所以想要获得更多的利润，就要征收关税。关税与贸易的利润相比，虽然稳妥，但是收入低。

在政治上，公元1658年9月3日，克伦威尔溘然长逝了。公元1660年5月，原英国国王查理一世的儿子查理二世上台。

查理二世的报复

公元1660年，查理一世的儿子查理二世继位，他来到伦敦西敏寺，将父亲的仇人克伦威尔的尸骨挖了出来，并将已经腐烂得只剩下骨头的克伦威尔进行了上吊仪式，向公众展示。

据悉，后来克伦威尔的头颅被人偷走，并被多次进行买卖，直到1960年才被葬在剑桥苏塞克斯学院内教堂的地下。

这座教堂有块匾，上书：“英国、苏格兰及北爱尔兰之贵族保护者，该校1616~1617年校友，奥利弗·克伦威尔之头颅，1960年3月25日埋葬于此左近之处。”

查理二世颁布了更为苛刻的《航海条例》，在海外对荷属殖民地展开攻势。另一方面，授予英国海军“皇家海军”的称号，并任命自己的弟弟约克公爵詹姆斯（二世）为最高指挥官。

◎ 约克公爵詹姆斯（二世）

詹姆斯二世（1633—1701年），苏格兰斯图亚特王朝第十二位国王、英格兰及爱尔兰斯图亚特王朝第四位国王（1685—1688年在位）。苏格兰的詹姆斯七世。他是最后一位信奉天主教的苏格兰、英格兰及爱尔兰国王。他是查理一世的次子，查理二世的同母弟。公元1685年其兄查理二世无嗣而亡，詹姆斯得以继承王位。

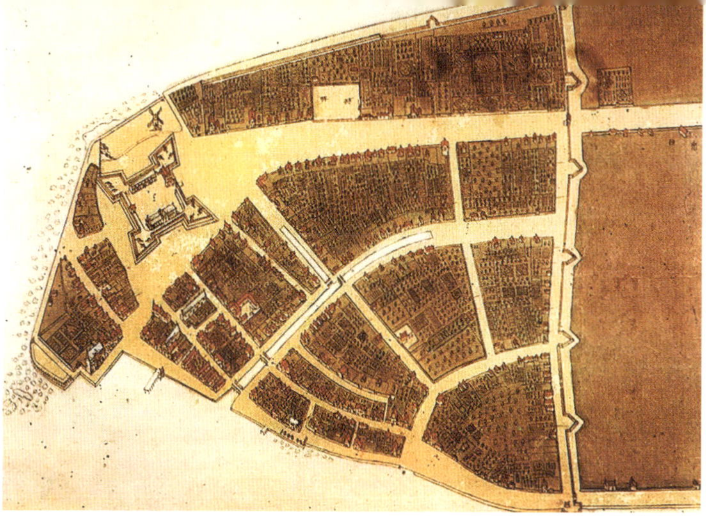

◉ 新阿姆斯特丹地图（1660年）

公元1626年，荷兰西印度公司以一些价值相当低的产品和印第安人做交换，获得曼哈顿岛，荷兰人在此落地生根，将其命名为“新阿姆斯特丹”，居民约300人。公元1664年，英国打败荷兰，占领了“新阿姆斯特丹”，将其改名为“纽约”，这里开始成为英国的殖民地。17世纪下半叶，纽约人口越来越多并成为商业中心，丰厚的农产品得以出口，加上工业制品的进口，带动了当地经济的发展，在缺少劳力的情况下，纽约成为黑奴行业的大本营，人口贩卖相当盛行，种下了美国日后南北矛盾的种子。

此时英国的海军实力已今非昔比了：这是因为在克伦威尔军事独裁时期，背负了200万英镑的债务，再加上政界和军界的贪腐问题，全年海军拨款仅及海军预算的2/3，造成船只破旧失修，士兵欠薪，士气低落，海军战斗力被严重削弱。

丢失新阿姆斯特丹，拉开第二次英荷战争的序曲

或许是为了转移国内的矛盾，或许是眼馋荷兰的收入，英国率先向荷兰发起挑战。

荷兰正式向英国宣战

英国自第一次英荷战争之后，不断针对荷兰的海洋贸易进行打击，英国王室颁发特许状，组织了“皇家非洲公司”，从公元1663年开始，进攻荷兰在非洲西岸的殖民地，企图从荷兰手中夺取一本万利的象牙、奴隶和黄金贸易。

公元1664年4月，一支英国海军远征舰队占领了荷兰在北美的新阿姆斯特丹，并将其重新命名为纽约。

◉ 皇家非洲公司徽章

公元1660年，英国成立了皇家冒险者开发非洲贸易公司，政府为其颁发了特许状。公元1663年，皇家非洲公司取代了前者，直接垄断了奴隶贸易。

英国一次次的挑衅，让荷兰忍无可忍。公元 1664 年 8 月，荷兰海军上将德·鲁伊特率领 8 艘战舰，趁英国不备，收复了被英国占领的原荷属西非据点。公元 1665 年 2 月 22 日，荷兰正式向英国宣战，第二次英荷战争爆发。

洛斯托夫特海战对荷兰舰队造成了重创

两国虽然宣战了，但正值冬季，不适宜海战，所以并没有一开始就爆发激烈的战斗。

公元 1665 年 6 月 13 日，双方舰队在英格兰东海岸外的洛斯托夫特相遇，战斗随即打响。

荷兰舰队拥有 103 艘军舰，搭载了 4869 门炮和 21 631 名官兵，并将舰队分为 3 支分舰队。

英国舰队拥有 109 艘军舰，搭载了 4542 门炮和 22 055 名官兵，并将舰队分为不少于 7 支分舰队。

战争伊始，荷兰舰队处于有力的顺风位置，但由于高层指挥不协调，导致指挥系统未能掌握时机主动攻击，失去有利战机，从而转入混战。

在激战中，荷兰海军旗舰“伊恩德纳赫特”号被击中弹药库，发生爆炸，两位舰队指挥官沃森纳尔和奥布丹阵亡，舰上 409 人仅有 5 人获救。之后，荷兰海军巨舰“奥兰奇”号遭俘虏，被焚毁。荷兰船只纷纷溃逃，损失惨重：至少 17 艘战舰被击沉、3 名海军上将以及 4000 多人战死。英国方面仅损失了 2 艘战舰和 800 多名水兵。

洛斯托夫特海战使英国海军在第二次英荷战争初期保住了优势地位，并对荷兰舰队造成了重创。

荷兰护航战——卑尔根海战

虽然英国在洛斯托夫特海战中战胜了荷兰，但是并没有加强对荷兰的封锁，因为当时英国伦敦黑死病流行，英国财政又长期虚弱，这都使得英军不能保持充足的供给和高昂的士气，所以战胜了荷兰后，英国更加关注的是抢劫荷兰船队的战利品，企图乘胜俘获停在挪威卑尔根港内的 70 艘荷兰商船，于是英国舰队向卑尔根进发。

> 鼠疫也称黑死病，它第一次袭击英国是在公元 1348 年，此后断断续续延续了 300 多年，英国近 1/3 的人口死于鼠疫。
> 到公元 1665 年，这场鼠疫肆虐了整个欧洲，几近疯狂，仅伦敦地区就死亡六七万人以上。1665 年的 6—8 月，伦敦的人口减少了 1/10。

荷兰海军舰队成功将商船队护送回国

再说荷兰，德·鲁伊特海军上将临危受命统率荷兰全国海军。公元 1665 年 8 月 6 日，他亲自率领荷兰舰队驶往挪威，护航停在卑尔根港内的商船队回国，与赶来劫掠的英国舰队在卑尔根海域相遇，战争立刻打响。

德·鲁伊特考虑到所护航商船的重要性，他一边联系丹麦当局，希望丹麦能协助作战，一边派部分军舰断后，其余战舰炮火开路，并不恋战。

⊙ 荷兰战舰“团结”号

“团结”号是荷兰标准的大型战舰，参加了两次英荷战争。公元 1653 年建于多德雷赫特，但它完成得太晚。公元 1665 年在洛斯托夫特海战中被击沉。

⊙ 卑尔根海战－油画

◉ 荷兰议会 –17 世纪油画

英国舰队在丹麦境内对荷兰商船的劫掠行为损害了丹麦的利益，于是丹麦驻防在卑尔根海域沿岸的堡垒纷纷向英国舰队开炮。

英国舰队在指挥官桑德威奇的指挥下，一边躲避丹麦沿岸的炮击，一边追击荷兰舰队及商船，而荷兰舰队和商船边打边撤。在德·鲁伊特海军上将指挥下，十几天后，荷兰海军舰队将这支装载金银珠宝的商船队安全地护送到荷兰本土。

此战荷兰只有一些被风暴吹离队伍的商船和几艘断后的军舰被英国海军俘获。

英国海军舰队因过错，指挥官被调任西班牙公使

在卑尔根海战中，英国舰队所获颇微，只能眼睁睁地看着荷兰商船队在荷兰海军的护航下顺利逃脱围剿。

所幸的是，卑尔根海战后，公元 1665 年 9 月 13 日，桑德威奇发现了在卑尔根海战中掉队的荷兰商船和几艘战舰，在一场短暂而猛烈的激战后，他们俘获了被狂风吹离荷兰舰队的 2 艘荷兰东印度公司的商船和 4 艘战舰，好歹获得了一些战利品。

◉ 荷兰海军剧照——出自电影《海军上将》

获得战利品本是一件好事，可因为英国海军太久没有获得补给了，桑德维奇不愿意等待上交战利品后，再由英国政府对战利品进行统一处理，于是他下令打开货仓，把财富分发出去。事情曝光后，英国国内舆论哗然，虽然英国政府不愿意处理他，但最终还是解除了桑德维奇海军上将的职务，将他调任为驻西班牙公使。

◎ 欧洲黑死病的蔓延－插画

四日海战英格兰初现败象

自黑死病席卷英国以来，让英国付出了惨重的代价，英国急需复苏，因此需要大量的财富，于是变本加厉地对荷兰的海洋贸易进行打击。在一次次与荷兰争夺海权的战争中，英国海军日渐不支。

然而这时，荷兰又与英国有世仇的法国和丹麦组成反英联盟。公元 1666 年 1 月，法国对英国宣战。虽然此时法国并未正式参战，但英国为了防止法国有所行动，不得不拨出 24 艘战舰防御法国，英国的海军力量由此分散，丧失了优势。

四日战争：荷兰对泰晤士河口进行了短暂的封锁

错误地以为法国舰队来到了英吉利海峡

从公元 1666 年 6 月开始，英荷双方连续展开了多次海战。6 月 11 日，荷兰海军的 84 艘战舰在德·鲁伊特的率领下再次出击。

这时候英国收到一份错误情报：法国舰队已抵达英吉利海峡，准备进攻英国。于是英国国王立刻派其表兄鲁珀特亲王指挥“皇家亲王”号，率24艘战舰南下英吉利海峡，堵截法国入侵。随即又派由阿尔比马比尔公爵蒙克率领的56艘舰艇前去支援鲁珀特亲王，迎战法国人。

阿尔比马比尔公爵蒙克原本是作为防御法国人的支援舰队，没想到撞上了荷兰舰队，蒙克不顾军舰数量上的劣势，率领所部与荷兰舰队打了起来。

四日海战，荷兰未能全歼英国海军

6月11日，荷兰舰队占了上风，甚至包围了蒙克的舰队。战至黄昏，英国“绥夫狄秀尔”号战舰遭俘，“亨利”号被重创，前卫支队司令贝克利阵亡。

6月12日，蒙克指挥英国舰队率先发难，双方打成僵局。英国鲁珀特亲王率“皇家亲王”号及舰队赶来支援蒙克，所以荷兰人迅速撤出战斗。

6月13日，蒙克舰队仅剩30艘战舰还可以参战，被迫西撤。鲁珀特亲王率领“皇家亲王”号及舰队与荷兰海军交战，其旗舰“皇家亲王”号被荷兰舰队包围，战舰被焚毁。鲁珀特亲王率其余英国战舰与西撤的蒙克舰队会合。

◉ 四日海战 – 油画

◉ 17 世纪的战舰

英荷战争中参战双方的主力战舰多为清一色的低舷、横帆、两舷装备加农火炮，作战时多艘战舰排成一个长列，以发挥两舷的火力优势。

6 月 14 日，荷兰舰队投入了全部兵力，围剿了鲁珀特亲王和蒙克两人合并后的舰队。但是因为大雾天，使得部分英国舰船逃离，因而未被荷兰海军全歼。四日海战就此结束。

这个时期英国建造的军舰装备有许多炮，船身吃水比法国船深。因为吃水深，所以能在较高的海浪中平稳地航行。而这时法国的舰船更喜欢追求灵活性和航速，所以当法国俘获英国军舰后，会拆掉一些炮，以减少船身吃水，来提高船的航行性能和灵活性。

四日海战战果

在 6 月 11 日—6 月 14 日短短四天的时间里，英国海军战舰大半被击沉或被俘，近 5000 人死伤或被俘；荷兰海军损失 4 艘战舰，2800 名官兵战死或受伤。

英国皇家海军是英国的海上作战力量。现代英国皇家海军起源可以追溯到16世纪初，是英国最古老的军种。在1692年拉和岬海战（拉乌格海战）到第二次世界大战初期，英国皇家海军曾是世界上最强大的海军，直到第二次世界大战期间被美国超越。

这是英国皇家海军史上少有的损失惨重的败仗。荷兰舰队虽取得了胜利，但并未完全摧毁英国舰队。英国花了一段时间修理、整顿舰队之后，海军的规模不但没有缩减，还有所扩大。

圣詹姆斯日海战

荷兰取得了四日海战的胜利，于是就将英国的出海口泰晤士河封锁了，不过好景不长，当年8月2日，泰晤士河口又见到了英国战舰。

荷兰不能忍受刚收获的战果又丢失，于是德·鲁伊特率领荷兰舰队意欲通过泰晤士河，进攻英国首都伦敦，彻底打击英国人。

获知消息的英国方面派出了90艘战舰和20艘纵火船迎击，圣詹姆斯日海战爆发。战斗从8月4日持续到8月5日清晨结束，此战英国海军完胜，重新掌握了制海权。

⊙ 英国鲁珀特亲王

荷兰海军的损失数字是巨大的，伤亡7000余人，损失20多艘战舰，相较之下英国仅1200人死亡。

虽然英国赢得了这次胜利，但是国力却越来越弱。

奇袭查塔姆

持续了两年之久的第二次英荷战争，使得两国的消耗都非常巨大。

对英国来说更加头疼：国内有黑死病，又在公元1666年9月2—5日爆发了伦敦大火，让英国遭受了前所未有的

海军是一个耗钱的军种。无论是造军舰、建码头、招募水兵、培养军官还是采购装备、供应给养、维护修理等，都需要大笔的资金。在经过第一次英荷战争之后，英国获得了足够的资金，所以海军发展得非常迅速。

损失，这对英国来说雪上加霜，自此之后，英国就不断和荷兰联系，希望进行和谈。

对荷兰来说，虽然战争消耗巨大，但是依旧有海外贸易、手工制造业、捕鱼业和造船业等可以维持。自从荷兰打败了西班牙之后，英国成了他们海外贸易中最大的绊脚石，因此荷兰要与英国死磕到底。

所以，荷兰对于和谈的欲望并不强烈，一边和英国和谈，另一边荷兰议长德维特秘密下达了军事行动的授权：摧毁谢佩岛上的查塔姆船坞中正在整修的英国舰队。

偷袭：摧毁谢佩岛上的查塔姆船坞中的英国舰队

经上一次圣詹姆斯日海战失败后，荷兰海军上将德·鲁伊特经过多方研究考察，发现要想通过泰晤士河口对英国本土进行打击，就需要避开英国在泰晤士河上的暗哨。

组建荷兰海军陆战队

德·鲁伊特收到荷兰议长德维特下达的命令之后，他分析认为偷袭成功的可能性非常高。为了达到目的，德·鲁伊特组织了10艘福禄特商船，搭载了新成立的荷兰海军陆战队2700名队员。这是世界上最早的专门从事两栖登陆的海军陆战队之一。一切准

◎ 伦敦大火纪念碑

伦敦大火发生于公元1666年9月2—5日，是英国伦敦历史上最严重的一次火灾，烧掉了许多建筑物，包括圣保罗大教堂，伦敦大火造成了大约1000万英镑的经济损失。当时伦敦市的年收入是12 000英镑，理论上说，灾难损失需要800年才能弥补。但伦敦大火也解决了自1665年以来伦敦的鼠疫问题。

伦敦大火纪念碑的碑柱为古罗马风格的多利安式。纪念碑为圆柱形带凹槽，柱内中空，有311级旋转楼梯直通碑顶，在那里可远眺伦敦金融城风光。眺望台的铁栏杆都是用当年烧熔的铁器重新铸成的。

备完毕之后，公元 1667 年 6 月 6 日，德·鲁伊特将荷兰海军陆战队的舰队分为三支小分队，悄悄开进泰晤士河口，紧随其后的是荷兰海军大部队。而此时拥有强大间谍网的英国竟然丝毫没有发现荷兰人的行动。

查塔姆船坞被荷兰人攻下

6 月 10 日，荷兰海军陆战队的舰队通过泰晤士河到达谢佩岛，海军陆战队员在舰船炮火的掩护之下迅速登陆，将岛上防守薄弱的加里森角堡拿下，紧接着又攻占了岛上的希尔内斯堡，至此，防守的英军堡垒仅剩下阿普诺城堡了。

谢佩岛在英格兰泰晤士河口，由泰晤士河冲击而成，是泰晤士河三角洲最大的岛屿，历史上岛上曾建立过监狱。谢佩岛在英格兰航空发展史上占有重要的地位，是英国皇家航空俱乐部的创建地。

查塔姆位于英格兰东南麦迪入海口，历来是英国东海岸要隘之一，公元 1613 年英国在此建立皇家造船厂，此后查塔姆便成为英国最主要的舰艇建造和修理基地。

⊙ 阿普诺城堡

⊙ 查塔姆船坞

查塔姆船坞在 300 余年间为英国皇家海军建造了 400 多艘舰艇，其中包括纳尔逊的旗舰“胜利”号，“二战”中共有 1360 艘舰艇在此处修理和改装，1984 年 3 月 31 日海军基地和造船船坞永久关闭，从此向公众开放。

英国人见荷兰人来势汹涌，害怕荷兰人从水路攻击，于是将破旧的船只都沉入河道，以阻止荷兰人的进攻。但是这些毫无作用，因为根本无法阻挡荷兰海军陆战队的突然袭击，而荷兰海军则在海军陆战队袭击阿普诺城堡时，将通往查塔姆船坞的水道连夜清理干净了，第二天天刚亮，荷兰海军就对查塔姆船坞发起了攻击，很快就将查塔姆船坞攻下。

荷兰海军战果：《布雷达和约》结束第二次英荷战争

这次奇袭给英国造成了近20万镑的损失，英国皇家海军的“马蒂亚斯”号、“皇家詹姆斯”号、“忠诚伦敦”号，“皇家橡树”号被荷兰燃烧船攻击焚毁，“皇家凯瑟琳”号遭到重创。

在未交战的情况下，英国皇家海军旗舰“皇家查理”号被荷兰俘获。在毫无阻拦的情况下，荷兰海军安全撤退，临行之时还将“皇家查理”号拖回了荷兰。

◉ “皇家查理”号

这艘船原名为“内斯比”号，公元1652年建造，公元1660年改名为“皇家查理”号，长而瘦的外形反映了当时最新的设计趋势。三个甲板上有80门重炮，非常强大。在公元1667年荷兰突袭谢佩岛时被荷军捕获。

英国遭此大败，加之黑死病和伦敦大火两重灾难，已无力再战。

公元 1667 年 7 月 31 日，英荷两国签订了《布雷达和约》，根据和约，英国放宽了《航海条例》，放弃了在荷属东印度群岛方面的权益，并归还了在战争期间抢占的荷属南美洲的苏里南；荷兰正式割让哈得孙流域和新阿姆斯特丹，并承认西印度群岛为英国的势力范围。这让英荷两方更加清晰了彼此的势力范围。

第二次英荷战争结束。

◉ 橡树

公元 1551 年，荷兰人在苏里南河口处建立第一个移民点。
公元 1593 年，被西班牙探险者宣布为西班牙属地。
公元 1602 年，荷兰人开始到此定居。
公元 1630 年，英国移民从巴巴多斯移民到苏里南经营烟草、甘蔗种植园，并占领了苏里南。
公元 1667 年，荷兰和英国签订《布雷达和约》，荷兰将北美洲的新阿姆斯特丹让给英国，以此取得对苏里南的殖民统治。

皇家橡树的来源

这是一棵救了查理二世命的老橡树。

当年英国国王查理一世被克伦威尔赶下台并杀害了，国王的儿子查理二世逃亡后得到了苏格兰的支持。公元 1651 年 8 月，查理二世为寻父仇，率领苏格兰人攻打英格兰，结果被克伦威尔全歼，查理二世只身出逃，被追兵紧追，在紧要关头，查理二世发现了一株中空的老橡树，于是侧身藏于其内，避过追兵。

后来通过查理二世的不懈努力，终于夺回了英国国王宝座，为纪念和褒奖，他将那棵老橡树封为“皇家橡树”。

自此，皇家橡树成了战神，也成为英军的吉祥物。自那时开始，有 4 艘英国皇家海军的战舰用过它命名。

苏里南的印第安人部落的求婚方式很特别，男子向女子求婚时需要送鱼，表示自己是捕鱼能人，能够承担起家庭重担，如果姑娘有意就会亲手把鱼烹成美味回赠给求婚者。

苏里南的印第安人捕鱼不靠渔网或者鱼钩，而是在发现水中有鱼后射出弓箭，命中率极高。在苏里南不会射鱼的男子往往会被嘲笑：“你还是去买根鱼竿吧，因为你不会射鱼。”

第十五章
第三次英荷战争

欧洲各国之间的结盟与战争一直伴随着利益改变而改变，经过前两次英荷战争，英国实力大减，但是英国一直耿耿于怀，伺机报复。

法国想称霸欧洲

公元 1661 年，在英荷两国忙着打仗、抢夺对方利益的时候，法国国王路易十四亲政，他励精图治，想要称霸欧洲。

荷兰阻拦了法国的野心

从公元 1667 年开始，法国对西班牙用兵，发动了遗产战争（1667—1668 年），法国大军由东北沿途而下，占领西班牙的领土，当法国军队到达西属尼德兰（今比利时）时，却被三十年战争中的盟友荷兰插手干涉，荷兰阻拦了法国的野心。

◉ 遗产战争－油画

遗产战争是一场爆发于法国和西班牙之间关于西属尼德兰归属问题的战争。

当时荷兰的政府首脑、商人出生的荷兰议长德维特（当时欧洲最有权力的人物）对法国的扩张非常担忧，因为西属尼德兰一直是法荷间的缓冲区，如果被法国占领，就会威胁到荷兰的国土安全。于是公元1668年德维特联合英国、瑞典成立“三角同盟”，要求法国与西班牙议和，并归还占领的西班牙领土，否则“三角同盟”就会对法国宣战。

法国收买了“三角同盟”的成员，与英国签订了《多佛秘密条约》

法国国王路易十四没想到自己的盟友荷兰会反对自己占领西班牙领土，因为法国一直在帮助荷兰对付英国，而如今荷兰却联合英国来对付自己。这使得路易十四措手不及，被迫接受了荷兰的要求，答应和西班牙议和，路易十四从此对荷兰产生了强烈怨恨。

英国国王查理二世

查理二世是苏格兰斯图亚特王朝第11位国王和英格兰及爱尔兰斯图亚特王朝第3位国王，生前获得多数英国人的喜爱，以“欢乐王”“快活王”闻名。

路易十四不甘心自己称霸欧洲的梦想破灭，于是在大规模扩军之后，派使臣雨格·李奥纳去往瑞典，用大量的财富收买了瑞典国会，使瑞典退出了“三角同盟”，并承诺保持中立。之后他又派人去英国游说，提议英国与法国合攻荷兰，法国将提供部分战争经费，事成后双方瓜分荷兰大半国土。

法国的游说很有效果，因为在第二次英荷战争失败后，英国受到荷兰的威胁，甚至连加入“三角同盟”也是被荷兰威逼的，查理二世一直愤恨不平，渴望复仇。

英国和法国一拍即合，于公元1670年签署《多佛秘密条约》，英王查理二世与法王路易十四结盟，计划在两年后联合攻打荷兰。

查理二世与法王路易十四是表兄弟，查理二世的母亲是法国公主，也是路易十四的姑姑。

为了收买英国和自己站在同一战壕，法国国王路易十四不仅开出了巨额军费用来弥补英国海军，同时还向英国王室提供16.6万英镑的赞助。当然，作为回报，查理二世需要加入天主教，并与法国共同对荷兰作战；路易十四有出兵镇压英国可能发生“骚乱”的义务。

路易十四非常喜欢收藏艺术品，而且他创办了各种艺术院校，资助文学、绘画、雕刻、音乐、戏剧甚至是芭蕾舞领域的艺术家，也因此诞生了历史上的许多伟人，比如音乐家让·巴普蒂斯特·吕利、戏剧家莫里哀，以及集哲学、物理学、数学家于一身的笛卡尔等。

公元 1672 年，法国对荷兰宣战，英国也退出了三角同盟，援助法国对荷兰作战。

第三次英荷战争爆发

第三次英荷战争是一场海上和陆地同时进行的战争。法军从陆地、英军从海上两面向荷兰发起了进攻。

海峡之战

公元 1672 年 3 月，在没有宣战的情况下，英国海军 12 艘战列舰以及 6 艘小型战舰，对荷兰 5 艘战舰和 72 艘商船（其中有 24 艘是武装商船）发动了袭击。

荷兰舰队司令哈恩竭力与英国舰队周旋，终于抵挡住了英国舰队的攻击。在被击沉 1 艘、被俘虏 3 艘商船的情况下，大多数荷兰商船安全抵达了目的地。

这场战役被称为海峡之战，成为第三次英荷战争爆发的起点。

荷兰沦陷，威廉三世临危受命

陆地上，路易十四派遣 12 万大军进攻荷兰，原本号称“最强防线”的荷兰堡垒，面对法国天才工程师沃邦将军所研发的新式攻城战术时居然一触即溃、全面崩盘。法军迅速占领了荷兰大部分的国土（7 个省有 5 个已基本沦陷），造成荷兰的大恐慌与政

◉ 法国国王路易十四

路易十四（1638—1715 年），全名路易·迪厄多内·波旁，号“太阳王”，是波旁王朝的法国国王和纳瓦拉国王。在位长达 72 年 3 个月 18 天，是欧洲历史中有确切记录在位最久的独立主权君主。

变，史称“灾难年”。

法国军队势如破竹，直取荷兰腹地，6月20日，随着乌特勒支沦陷，法国已经占领了60%以上的荷兰领土，兵临荷兰首都阿姆斯特丹城下。荷兰议长德维特早已没了主张，连忙派人向法国国王路易十四求和。但是路易十四却提出了十分苛刻的和谈条件：荷兰割让莱茵河以南的所有领土；赔偿法国军费2000万荷兰盾；法国在荷兰保有驻军权；荷兰所有港口向法国船只开放，并且免除一切关税；荷兰必须恢复天主教教会等。

◉ 荷兰拦海大坝

“尼德兰”意思是“低地之国”，它的国土低于或几乎水平于海平面的土地面积超过一半，随着须德海的海水侵蚀，土地面积一直在流失，于是荷兰人一直同大海进行斗争，大量建筑堤坝围海造田。从13世纪开始，荷兰人更是为了保卫赖以生存的土地而大量建造堤坝。

图片中的须德海的堤坝是1932年建造的宽90米、高出海面7米的拦海大堤，彻底把须德海湾与北海大洋隔开了，为荷兰向大海争夺了更多的土地。

这是卖国求和，荷兰议长德维特尚未做出回应，荷兰人民率先愤怒了，国内激愤的群众逼使德维特下台，其后来更被暴民活活打死，昔日荷兰国父威廉一世的曾孙奥兰治亲王威廉三世临危受命为荷兰执政，拯救国难。

掘开大堤，将法国陆军冲垮

法军连连得胜，突破了埃塞尔河防线，直逼荷兰首都阿姆斯特丹。无奈之下，刚出任荷兰执政的威廉三世忍痛下令掘开世世代代保护荷兰人休养生息的须德海堤坝，汹涌的海水立刻涌入了良田沃野，须德海和莱茵河之间成了一片汪洋大海，成千上万的荷兰人转移到了船上撤离。法国人擅长陆战，面对汹涌的海水只能狼狈撤退才免了遭受灭顶之灾，至此，荷兰陆上的危机基本解除。

“须德海工程计划”是由荷兰著名水利工程师莱利设计的。荷兰人民为了纪念他的功绩，在大坝的西端建有他的塑像，并将在围垦地上建成的新省省会命名为莱利市。

索莱湾海战－油画

但如此一来，荷兰捍卫国家独立的重任就落到了海军的身上。

荷兰迎战英法海军——索莱湾海战

阿姆斯特丹决堤阻止了法军从陆上的进攻，但是荷兰要取得最后的胜利，还需要击败英法联合舰队。

法国海军不足为惧，荷兰海军主要的对手是英国海军

此时德·鲁伊特已经65岁高龄了，仍执掌荷兰海军帅印。他分析了敌军情况后，认定敌军的核心是英国海军，法国海军不仅弱小，而

法国海军在公元1624年由黎塞留正式改名为国家海军，也是在这一年，黎塞留从讷韦尔公爵手里购得了4只小型战舰，成为法国国家海军的第一批船只。

黎塞留——法国海军之父

且缺乏战斗经验，不足为惧。因此他制定了集中主力对付英军，只分出一支小舰队牵制法国舰队的战略。

在战术方面，他把主力部署在靠近荷兰海岸的浅海中，为的是可以随时寻求浅滩作掩护，觅机向英国舰队发动进攻。

◉ 路易十四时代法国巴黎街头的穷人－油画

偷袭英法联合舰队的锚地——索莱湾

公元 1672 年 6 月 7 日，荷兰海军直接将战舰冲进了英法联合舰队的锚地——英国东南部的索莱湾，偷袭停泊在此地的英法联合舰队（后文将简称为“联合舰队”）。

荷兰海军事先在港外布置了封锁线，利用涨潮放出纵火船，使联合舰队陷入混乱。在荷兰舰队的炮击之下，英国舰队很快控制住了形势，迅速编队出港迎战。而法国舰队则不愿意消耗自身的实力，一味作壁上观。

后来由于英国海军援军加入战斗才逼退了荷兰舰队，结束了这场战役。此战英国损失了 4 艘战舰、2500 多人；荷兰则损失了 2 艘战舰、2000 多人。

虽然从战果上看双方打成了平手，但是战略意义重大。荷兰先发制人的进攻不但粉碎了英法对荷兰本土入侵的计划，也让处于生死存亡之际的荷兰有了一丝喘息的机会。

在路易十四时代，频繁的战争榨干了法国的财富，农民陷入极端贫困，财政濒临崩溃边缘，这一切都极大削弱了法国的力量。

第三次英荷战争的尾声——特塞尔之战

公元 1672 年 8 月，年仅 22 岁的威廉三世在荷兰生死存亡之际就任荷兰执政和陆海军统帅。他积极展开外交活动，终于在公元 1673 年的春天争取到了奥地利、西班牙、普鲁士的支持，战争的规模进一步扩大。

特塞尔之战－油画

粉碎了英法登陆荷兰本土的企图

公元 1673 年 6 月 7 日，英法两国再次集结舰队输送陆军，打算登陆荷兰本土。但是荷兰海军在德·鲁伊特的率领下，经过两次库内维尔海战，粉碎了他们的登陆企图。

公元 1673 年年底，荷兰执政威廉三世帮助奥地利主帅拉依蒙多·蒙特库科利攻下被法国占领的奥地利领土波恩，至此，法国军队欲通过奥地利进入荷兰的企图破灭了，荷兰本土保住了。荷兰战局由于奥地利的加入而有了新的变化：以普鲁士为首的德意志联军，开始跨越莱茵河中游威胁法国本土；而作为荷兰盟军的西班牙，在法国所控制的意大利地区四处挑起战火，使得法国疲于奔波，无法顾及英荷之间的战争，只能派作战能力并不强大的法国海军协助英国海军与荷兰作战。

英国因与法国结盟而入侵荷兰，如今法国被迫撤军，退出荷兰本土，只派遣没有战斗力的法国海军参战，对英国来说依旧是孤军对荷兰作战，加上荷兰执政威廉三世派人到英国花重金游说英国国会议员，并煽动反法舆论，激化英国市民对天主教法国的恐惧与仇恨，使得英国国会逐渐反对与法国结盟，不愿继续拨款给查理二世。

特塞尔岛灯塔

企图登陆特塞尔岛失败

◎ 英国“圣·安得烈”号战列舰

“圣·安得烈”号战列舰建造于公元 1673 年，重达 1338 吨，载着 96 门大炮，属于当时第一流的战舰，是第三次英荷战争期间的一艘英国旗舰。

◎ 特塞尔岛上的荷兰战舰船头

公元 1673 年 8 月，英法舰队又一次纠集力量，约 2 万陆军集结在英国，企图登陆特塞尔岛。荷兰舰队事先得到情报，德·鲁伊特将麾下舰队分编为三个分舰队：他本人指挥中央分舰队；班克特指挥先驱舰队；小特罗普指挥后卫分舰队。

8 月 21 日夜间，德·鲁伊特指挥舰队成功插入敌方舰队与海岸之间的缝隙。拂晓时分，他主动向英法联军发动进攻。于是双方三个分舰队开始捉对厮杀。尽管英法联军兵力占了优势，但荷兰水兵士气高昂，双方战斗可谓空前激烈。

德·鲁伊特与英国将领拉帕尔 3 次更换旗舰，仍英勇作战。

破除僵局的是双方的前卫分舰队：法国分舰队的水兵训练很差，作战消极。指挥官德埃斯特雷本想以数量上的优势包围荷兰班克特舰队，但荷兰一方的班克特突破了法国舰队的战列线，使得法国舰队陷入了混乱中。很快，法国舰队就退出了战斗。于是班克特及时率军前往援助德·鲁伊特率领的中央分舰队。

原本英国的鲁珀特亲王打算将适于浅海作战的荷兰舰队向西引向深海，但此时后卫分舰队交战的激烈程度引起了双方中央分舰队的注意：英国分舰队指挥官斯普拉格在两次转换旗舰之后殉职。鲁珀特亲王与德·鲁伊特双双率领麾下分舰队赶来支援己方的后卫舰队，而班克特指挥的荷兰先驱舰队也加入了战斗。

这场海战一直持续到了晚上 7 点，夜幕降临之后英方认为登陆作战无望，遂退出了战斗。此役双方都未有战舰被击沉，但严重受创的船只不计其数。英法联军损失了 2000 多人，荷兰方面伤亡了 1000 多人。

荷兰暂时消除了海上威胁，取得了制海权

此役后，荷兰暂时消除了海上威胁，取得了制海权，荷兰战胜了入侵者。

此战结束了英荷两国为了控制海洋所引发的一系列战争，导致了英法的最终决裂。在对荷兰海战中，英国连连失利，而法国却日益强大了起来，使得英国政府对英荷战争失去了信心。之后，英国议会削减了海军军费，使得英国海军无力再与荷兰开战。

公元 1674 年 2 月，英荷两国签订了《威斯敏斯特和约》，并恢复了战前状态，和约中约定两国在公元 1667 年签订的《布雷达条约》继续有效，荷兰同意给英国以巨额赔偿，承认英国在欧洲以外夺取的原荷兰领地的所有权，英国则保证在法国和荷兰之间的中立。

由于《航海条例》在英国与其殖民地和波罗的海之间的贸易中排除了荷兰人的势力，到 1689 年，这些海域的英国船只增加了 3 倍。英国海员数量也以同样的速度增长，为战争提供了至关重要的战略资源，并且终结了荷兰在航海技术上的领先地位。
这对荷兰来说是极大的威胁，紧接着荷兰受到邻国法国的进攻，使得荷兰不仅要自强，还必须要寻求盟友。

◉ 和约签署地：布雷达城堡

第十六章
暮日西斜，霸权不再

法国不但挑起了第三次英荷战争，而且积极参与攻打荷兰本土，如今英国和荷兰议和，只剩法国依旧对荷兰虎视眈眈，所以荷兰的战争依然在持续。

法荷战争结束曲

荷兰执政威廉三世的一番举措挽救了荷兰共和国，同时也维持了荷兰海外殖民帝国的稳定，但是对手法国又有了新的动作。

反法同盟的失利

公元1674年，法国国王路易十四用重金拉拢瑞典并与之结盟，诱使瑞典进攻德意志地区，使得勃兰登堡与神圣罗马帝国抽回援助荷兰的兵力。公元1675年，勃兰登堡选帝侯腓特烈·威廉击败瑞典军队，使得一向敌视瑞典的丹麦，趁机与荷兰结盟并向瑞典宣战，爆发了斯科讷战争。

◉ 斯科讷战争－油画

之后，法国的一系列动作使反法同盟受到冲击，公元1674年后荷兰出现败多胜少的不利情势。

法国还颁布了一系列针对荷兰经济的举措：比如，路易十四采纳财政大臣柯尔贝的计策，大幅提高对荷兰商品的关税，让荷兰商人损失惨重。

公元1676年，在荷兰对法国的西西里岛战役中，荷兰海军上将德·鲁伊特负伤而死，荷兰与西班牙对地中海的控制权被法国抢去。

法国经济、军事双管齐下的动作让荷兰、西班牙与德意志等反法同盟国连连失利。在法国统帅孔代亲王的指挥下，德意志的洛林被夺去；西班牙的弗朗什孔泰与部分佛兰德斯也被占领。若不是拉依蒙多·蒙特库科利与蒂雷纳和孔代亲王相抗衡，让后两者一死一退，反法同盟的损失可能会更加惨重。

公元1674年4月，荷兰海军统帅德·鲁伊特在一次与法军的交战中身负重伤逝世，而法荷战争一直拖到了公元1678年才宣告结束。

德·鲁伊特死后，荷兰人民给他修建了最华丽的坟墓，将他的遗体安置在荷兰中央政府所在地海牙。这个华丽的坟墓不仅埋葬了荷兰的民族英雄，也埋葬了荷兰海上称霸的英雄时代。

没有永远的敌人，只有永恒的利益

公元1678年3月，法国军队占领南尼德兰的根特与伊珀尔，使得反法同盟慌了手脚。

这时，在法国与荷兰战争期间，英荷关系已经得到了缓和，并且荷兰执政威廉三世与英国新国王詹姆斯二世的女儿玛丽公主结了婚，这一事件明确地向法国宣示：英国将加入荷法战争，而且还是荷兰的盟友。

因为英国加入了反法联盟，使得反法联盟的力量更加强大。不过，接连的失利也让反法联盟各国表示愿意与法国和谈，法国见好就收，在英国加入战斗之前，同意了和谈。

威廉三世

荷兰的威廉三世即英格兰的威廉三世（1650—1702年），也是苏格兰的威廉二世、奥兰治的威廉亲王，奥兰治亲王、荷兰执政、英国国王。他是荷兰执政威廉二世与英国国王查理一世之女玛丽·亨利埃塔·斯图亚特的独子。

⊙ 17 世纪的奈梅亨鸟瞰图

这幅巨大的画作很好地描绘了奈梅亨在 17 世纪的模样。这是一张鸟瞰城市的地图，显示了整个城市的广度。

《奈梅亨条约》宣告法荷战争结束

公元 1678 年，随着《奈梅亨条约》的签署，法荷战争宣告结束。该条约让荷兰领土完全恢复，并得到低关税的优惠。瑞典重新掌握了战争中失去的西波美拉尼亚。法国则成了此战最大的受益者，明确了法国对弗朗什孔泰、佛兰德斯和埃诺地区部分城市的所有权（这些地区原本属于西班牙所有）。按照条约规定，法国应当归还洛林公国给德意志的洛林公爵（但法国保留驻军权），可是洛林公爵不愿让法军驻扎在其领地，拒绝在条约上签字，所以洛林继续被法国占领，直到公元 1697 年的《赖斯维克和约》签署之后才归还给洛林公爵。

法荷战争结束后，以荷兰、西班牙和瑞典为代表的海洋贸易国家开始衰败，荷兰受限于英国和法国包围的地理格局，其原本在海洋贸易的优势，最终在公元 1713 年转移给英国；而瑞典基于传统的军事优势，却无法阻挡勃兰登崛起；西班牙则是持续走向衰落。在 18 世纪初，西班牙与瑞典两国的海外殖民地几乎被其他列强瓜分。

⊙ 纪念《奈梅亨条约》签订的纪念币

入驻伦敦，英荷并政

荷兰执政威廉三世的母亲玛丽是英国公主，

而他的妻子玛丽也是英国新国王詹姆斯二世的女儿，并且是英国王位的继承人。

成为英国国王兼荷兰执政

詹姆斯二世登上英国国王之位后，企图重新将天主教定为国教，在宗教问题上和英国议会矛盾尖锐，引发了国民的强烈不满，詹姆斯二世还欲强行解散议会，这使他众叛亲离。

而作为詹姆斯二世的女婿，威廉三世在宗教上一贯宽容，获得了新教徒的好感，因此英国议会私下和威廉三世联系，希望他能够入主英国。

公元 1688 年 6 月 30 日，威廉三世趁岳父詹姆斯二世众叛亲离的时候，率领大军前往英国，一登陆就宣布将保持英国新教政策和自由，由此吸引了大批的支持者，英国人纷纷倒戈，詹姆斯二世面对荷兰大军压境，其支持者一瞬间就四散溃逃，他本人只得逃往法国。

公元 1689 年 2 月 13 日，英国议会确认威廉三世和其妻子玛丽为英国王位的继承人。4 月 11 日，威廉三世和玛丽在威斯敏斯特宫举行了加冕仪式，正式成为英国国王。

威廉三世成为“英国国王兼荷兰执政”，这是英荷两国在历史上唯一一次被划到了同一个人的名下。

◉ 詹姆斯二世的皇宫生活 – 油画

◉ 马尔伯勒伯爵：约翰 · 丘吉尔

约翰 · 丘吉尔是英国第一代马尔伯勒公爵，靠着他妻子萨拉 · 詹宁斯与安妮女王的私密友谊，以及他个人卓越的军事、外交才能，在公元 1702 年成为英国最有权力的男人。

威廉三世一生的主要精力都花在同当时欧洲权势最大的人物法王路易十四的斗争上，他使他名下的英荷两国成为反法同盟的主力。公元 1701 年，为防止法国和西班牙合并，他成为西班牙王位继承战争（1701—1713 年）的主要发动者之一。但他与当时英军的统帅马尔伯勒伯爵曾一度发生矛盾，以致引起英国政局动荡，后来终于达成和解，马尔伯勒伯爵后来在西班牙王位继承战争中成为路易十四的克星。

◉ 威廉·弗里索

◉ 普鲁士国王腓特烈一世

两国共主威廉三世去世之后

威廉三世成为“英国国王兼荷兰执政”之后，英国和荷兰的关系变得缓和，而且经过这么多年的战争，两国的实力已经大不如前了，之前垄断的海洋贸易也被一些崛起的大国蚕食，这时候的荷兰再也没有精力和实力去争夺什么了。

荷兰进入第二次无执政时代

公元 1702 年，威廉三世因落马受伤而去世。由于他没有子嗣，英国王位由妻妹安妮继承；奥兰治亲王之位传给他 15 岁的族侄威廉·弗里索。以荷兰省为首的六省议会派借口弗里索并非威廉三世的直系血亲，发动政变，取消联省执政，国家领袖由安东尼·海因斯接替，荷兰自此进入“第二次无执政时代”。

两人共享“奥兰治亲王”的头衔

虽然在威廉三世的遗嘱中将奥兰治亲王之位传给弗里索，但这引起了他的表弟普鲁士国王腓特烈一世的不服。公元 1702 年，腓特烈一世自称继承了奥兰治亲王称号，与威廉·弗里索有了分歧，腓特烈一世派军占领奥兰治家族的亲王封地，并在公元 1713 年把封邑让给法王路易十四，使得威廉·弗里索丧失了奥兰治家族的亲王封地。

即使连奥兰治的亲王封地都没有了，威廉·弗里索与腓特烈一世的争议都没有停止过，直到公元 1732 年，威廉·弗里索之子威廉四世与普鲁士王位继承者、腓特烈一世的儿子腓特烈·威廉一世达成协议，威廉四世放弃索赔奥兰治封地的损失，两人共享“奥兰治亲王”的头衔。

威廉四世被拥立为荷兰的七省执政

威廉四世不甘心这样的结果，他一直在积蓄力量争取奥兰治派的支持，同时也在等待时机。终于在公元1747年，普鲁士王国与奥地利之间的王位继承战争爆发，在奥兰治家族势力的影响下，威廉四世被拥立为荷兰的七省执政，并规定他的子孙必须世代传承执政之位，以避免“无执政”现象再次出现。

◉ 威廉四世

美国独立战争奏响的霸权终结曲

自公元1688年威廉三世入主英国以后，荷兰与英国的关系还算融洽，一方面是由于荷兰此时已经没有了当初的辉煌，丧失了对英国贸易的优势，自然就会比较“克制”，再加上荷兰开始走中立路线，导致其陆海军的发展大受影响，没有军备自然腰骨不壮。

威廉四世的孙子威廉六世最终在公元1815年的维也纳会议中成为现今荷兰王室的开国始祖，称为威廉一世（和荷兰奥兰治王朝的开国执政威廉一世同样的称号）。

美国独立给荷兰带来无妄之灾

英国一直以来对殖民地进行剥削，严重阻碍了北美殖民地经济的发展，为了对抗英国的经济政策，公元1775年，北美十三州殖民地的革命者奋起抗争，爆发了著名的美国独立战争，作为中立者的荷兰本来只是观众席的一员，但是身为英国的盟友，英国希望借助荷兰军队前往美洲镇压革命，遭到荷兰的强烈反对。荷兰不帮忙也就罢了，荷兰商人尤其是阿姆斯特丹的商人，还不断出售军火给美国人，用来对付英国人，林林总总的积怨，使得英国对荷兰的做法大为不满。

英国和荷兰再次爆发战争，史称第四次英荷战争。

美国独立战争始于对抗英国的经济政策，但后来却因为法国、西班牙及荷兰加入战争对抗英国，而使战争的范围远远超过了英属北美之外。同时，许多印第安人在为双方打仗。

◉ 美国独立战争时期陆军兵种－油画

落日余晖的荷兰海军

曾经凭借海军立国的荷兰，如今国家实力一降再降。对荷兰有积怨的英国趁机对荷兰发动战争。荷兰政府闻讯，紧急抽调资金，下决心再次大规模建设海军。可是，荷兰海军此时已经没有充足的经费了，人员的工资太低了，海员和水手不愿意再为荷兰卖命。

公元 1780 年，第四次英荷战争爆发之后，英国海军在西印度群岛俘获了几艘荷兰船，时任荷兰海军指挥官安德里斯·哈辛克却无法调动荷兰海军还击，只得放弃指挥权。随即英国舰队又轻易封锁了北海，短短几星期之内，200 名荷兰商人和价值 1500 万荷兰盾的货物被英国人俘获，此后，荷兰殖民地被英国海军肆意践踏。

美国独立战争

美国独立战争（1775—1783 年），又称美国革命战争或美国革命。

15 世纪末，西班牙开辟了去往美洲的新航线。在接下来的 4 个世纪中，西班牙人、葡萄牙人、荷兰人、法国人和英国人围绕着北美殖民地的归属和海上霸权展开了激烈的搏杀。至 18 世纪中叶，英国成为北美大部分土地的拥有者。

在 1756—1763 年的“七年战争”中，为争夺对北美殖民地的控制，英国与法国进行了长期的战争。英国虽然打败了法国，控制了北美大部分地区，但因长期的战争而导致财政困难。于是，英国政府不断向北美各殖民地增加税收，并实行高压政策，对殖民地进行蛮横的压榨和残酷的剥削，殖民地人民不满英国的盘剥和束缚，双方矛盾日益尖锐，最终导致战争爆发。

荷兰海军中将拒绝出兵

到了9月，荷兰与原本的敌人法国结盟，组织了一支荷法联合舰队，准备攻击英国舰队，但是荷兰海军中将拜兰德却以尚未准备好为由拒绝出兵。不仅如此，抗命的拜兰德还得到了其他舰队军官的支持，以至于荷兰政府不得不向法国表示无法一致行动。这次事件在荷兰国内引起了公众的愤怒，迫于舆论压力，荷兰政府对该事件进行了调查，而事件的处理最终不了了之。

◉ 指挥战争的华盛顿－油画

公元1781年2月，荷属西印度群岛中的圣尤斯特歇斯被英国完全摧毁，岛上的货物被全部缴获，所有的荷兰商人都被驱逐出境。英国人将这些战利品当场拍卖，收益颇丰。此后不久，在西印度群岛，荷兰仅剩下了背风安的列斯群岛和苏里南，其余全部被英国占领。

落下帷幕：荷兰已经无复昔日的辉煌

随后，因为在世界各地的荷兰殖民地纷纷被英国收入囊中，为了不被英国完全吞噬，荷兰成为继法国之外第二个承认美国的国家，不仅如此，还与美国签订了友好的商业条约，于是荷、法、美组成了联盟。

如此之下，英国也不敢再动荷兰了。公元1783年9月3日，英美签署了《巴黎条约》，英国被迫承认美国独立。

◉ 1781年前的圣尤斯特歇斯

◉ 荷兰最强盛时期的狮子地图

第四次英荷战争就以这样的方式草草收场。

美国独立战争结束，英国失去北美十三州，可以说打垮了荷兰是对英国巨大的补偿，这增强了英国的国力。从此之后，荷兰经济开始严重衰败，如同骨牌效应越滚越大，此前一直是世界金融中心的阿姆斯特丹，战后被伦敦取代。

荷兰东印度公司也被战败影响，出现经济危机，最后在公元 1799 年宣布破产解散。

荷兰这个在 17 世纪叱咤风云的“海上马车夫”与殖民帝国，随着这场战争而崩溃衰落，成为欧洲强权轻视的对象。

公元 1795 年法国大革命后，拿破仑征服了荷兰，正式结束了荷兰的金融霸权，以及它最辉煌的殖民年代。

公元 1813 年，荷兰脱离拿破仑的统治再次独立。

但从此荷兰已经无复昔日的辉煌。

荷兰在 18 世纪的衰败归根于爱国心与进取心的丧失。荷兰人宁愿把 200 多年来累积的资本借贷给英、法等国的政府与企业，享受稳定丰厚的利息收入，也不愿重拾“海上马车夫”的进取精神，结果因为 60 多年的军备废弛，在 1780—1784 年的第四次英荷战争中被英国彻底打垮。

荷兰大事年表

公元前 57 年左右，恺撒占领了尼德兰地区
公元 550 年左右，罗马分裂，尼德兰地区开始水上贸易
公元 733 年，法兰克入侵弗里斯兰王国，并成功占领该地区
公元 850 年左右，北欧的维京海盗开始在荷法沿岸作乱，尼德兰人自发地组织抵抗
公元 922 年，佛兰德斯伯爵之子迪尔克因打击海盗有功，被封西佛兰德斯伯爵
公元 983 年，正式受封的迪尔克二世开始统治尼德兰
公元 1011 年，弗洛里斯二世成为历史上第一位荷兰伯爵及西佛兰德斯伯爵
公元 1170 年，发生万圣节洪水，尼德兰人损失严重
公元 1288 年，再次爆发更大规模的海啸，尼德兰人开始外拓
公元 1358 年，荷兰人巴尔克斯宗发明对鲱鱼更好的保鲜方法，荷兰人开始将鲱鱼卖给全欧洲的人
公元 1432 年，勃艮第占领了荷兰
15 世纪末的地理大发现时代开始，到公元 1450 年左右，尼德兰地区成为出口转内销业务的核心地区
公元 1482 年，西班牙的哈布斯堡家族瓜分到了尼德兰地区
1596—1598 年，荷兰商人用生命作代价，守望信念，创造了传之后世的经商法则，并赢得了海运贸易的世界市场
1566 年，荷兰独立战争打响
1579 年，来自荷兰北方七个省的代表在这间大厅中签署协议，组成军事同盟共同抗击西班牙人
1581 年 7 月 26 日，荷兰废除西班牙国王对荷兰各省的统治权，宣布成立荷兰联省共和国
1602 年，在共和国大议长奥登巴恩内费尔特的主导下，荷兰联合东印度公司成立
1609 年，阿姆斯特丹银行成立，它稳定了荷兰的经济，更重要的是发明了我们现在所说的信用机制
1648 年，荷兰已达到了商业繁荣的顶点，他们决定建造一座新的市政厅。这座宏伟的建筑直到 1656 年才落成
公元 1652 年，爆发第一次英荷海战，以英国胜利为结束，双方签订了《威斯敏斯特和约》

公元 1665 年，英荷第二次战争爆发，双方签订《布雷达和约》，荷兰正式割让哈得孙流域和新阿姆斯特丹，并承认西印度群岛为英国的势力范围

公元 1672 年，第三次英荷战争爆发，胜利与否已经不重要了，荷兰在此战后不但给予英国巨额赔偿，还转交了除欧洲外原荷兰领地的所有权，荷兰的霸权已然移交

公元 1688 年 9 月，一支庞大的舰队从阿姆斯特丹港拔锚起航，这些船上载着荷兰的最高执政官威廉三世和两万名荷兰士兵。威廉三世此行是受英国议会的邀请，前去保护英国国民的“宗教自由和财产”

公元 1775 年，北美十三州殖民地的革命者奋起抗争，爆发了著名的美国独立战争。作为中间商的荷兰出售各种“限制物资”给美国人，令英国大为恼火，遂爆发第四次英荷战争，曾经让荷兰称霸世界的海军，如今变得不敢出战，再谈海洋霸权已然成为笑话